JN109932

Information & Computing — 120

ソーシャルメディア論

行動データが解き明かす人間社会と心理

土方 嘉徳　著

サイエンス社

サイエンス社のホームページのご案内
https://www.saiensu.co.jp
ご意見・ご要望は　rikei@saiensu.co.jp　まで．

まえがき

我々が社会で活動し生活を送っていく中で，オンラインで情報を検索したり，人とコミュニケーションを取ったりという行為を止めることは，もはや不可能になっている．料理を作る際はレシピサイトを見ながら作っているという人もいるだろうし，来週の出張先での夕食処をオンラインの友達に広く尋ねて決める人もいるであろう．このように，コンピュータやスマートフォンで情報を取得したり，人とコミュニケーションをとったりすることは，当たり前の世の中になっている．そして，それらを可能にしているのは，Web とその発展形のソーシャルメディアである．これらの環境は，水や電気と同様，その存在すら意識されなくなりつつあり，今さら学問として学んだり探求したりする必要性はなさそうに見える．

しかし一方で，自分が行っている情報発信や友達とのコミュニケーション，得られた情報の活用など，本当にこれでよいのかと不安になる人もいるであろう．誰に向けて発信しているのかが見えず，得られた情報が信頼できるのか分からないからである．また，人工知能（AI）が発達し，それを用いた新しいサービスが次々と立ち上がりつつあるが（例えば，質問に答えてくれるロボットやレシピを考案してくれるサービスなど），今の（あるいは近未来の）人工知能に何ができて，何ができないのか，またできたとして，その精度はどれぐらいなのかを，直感的にイメージできる人は多くないであろう．多くの知的システムは，Web やソーシャルメディア，独自のアプリケーションなど，様々な環境やサービス内で収集したユーザの行動データを用いているが，それらのデータが持つ力について理解している人は多いとは言えない．過少に評価している人もいるであろうし，逆に過大に評価し過ぎて，恐れおののいている人もいるかもしれない．

企業の事務職で働いている人にとっても，急に Web やソーシャルメディアを用いた仕事が降ってきたことがあるのではないだろうか．例えば，広報やマーケティングの担当部署では，Web やソーシャルメディアから，流行りつつあるキーワードや商品を探して欲しいと言われたり，それらの環境で「バズる」広告（爆発的に拡散してもらえる広告）を作成して欲しいと言われたりして，右往左往した経験のある人もいるであろう．世の中には，すでに多くのソーシャルメディアを用いたマーケティング関連のノウハウ本がたくさん出ているが，それらは写真の撮り方や投稿時のハッシュタグの付け方，投稿のタイミングなど，表層的な工夫にとどまり，それらを読んでも他社と差別化できるような手法の開発にまでは至らなかった人も多いのではないだろうか．Web やソーシャルメディア上のユーザやコンテンツの性質について，本質的な理解が足りず，またモデルや方法論として一般化されておらず，その適用範囲がアプリケーション依存になっていたりするからである．

Web やソーシャルメディア，さらには IT の高度利用において，人々がこのような問題に直面する最大の理由は，Web やソーシャルメディアの特徴や，それらを利用するユーザの目的や行動，ユーザ行動データの知的利用に対する一般化された，また体系化された理論や方法論が確立されていないからである．そこで本書は，Web やソーシャルメディアのデータが持つ社会性に着目し，それから分かることや，それらの知的な利用方法に関して，1 つの学問体系としてまとめることを試みる．本書では，この学問体系を「ソーシャルメディア論」と呼ぶ．まだ発展途上にあるこの研究分野において，このような体系化を若輩者の研究者が 1 人で行うのは，あまりにおこがましいことは重々承知している．しかし，この分野に関連する研究者が集まり，1 つのまとまった体系化を行うのは，あまりに時間と労力がかかる．まずは，体系化の 1 つの例を示し，これを基に個々の研究者や専門家が学問として進化させてもらえればと願う．

本書では，このような体系化の一例として，以下のような構成を採ることにした．まずは，Web とソーシャルメディアが計算機科学（情報学）を中心とする学術界に与えてきた影響について概観する．その歴史的意義を見ることで，その力の大きさを実感できると思う．次に，ソーシャルメディアのサービスを，社会性を持つデータの高度利用という観点も含めて分類を行う．これにより，Web やソーシャルメディアで実現されているサービスについて網羅的に知ることができる．そして，Web における人の協調活動の潜在能力と，サービスのビジネス的な成功要因について一般化を行う．これにより，ビジネスとして成功させるための，基盤となる条件や考え方を理解することができる．

また，社会性を持つデータの高度利用について，情報検索と情報推薦という 2 つのサービスに対する技術的方法論をまとめる．これより，多数の人々の行動データから，いかにして高い価値を引き出すのかを具体的に理解することができる．最後に，ソーシャルメディア上のデータから，社会で起きているイベントやトレンドを発見することができるのかどうかと，人々の心理や行動を推定することができるのかどうかを示す．ここでは，研究事例の紹介を行いつつ，それらの研究結果が社会学や心理学の分野で，どのような価値をもたらすのかを説明することで，現象としての普遍性に迫る．

本書は，Web やソーシャルメディアについて研究している情報学系の研究者はもちろんのこと，メディア研究を行っている社会学者やコミュニケーション研究を行っている心理学者など，多くの分野の研究者にとって，役立つものと信じている．また，冒頭で示したような，Web やソーシャルメディアのデータの高度利用を迫られているようなマーケターやコンサルタントなど，企業のビジネスパーソンにとっても，それぞれの仕事の判断の拠り所にすることができると考えている．多くの研究者やビジネスリーダー，そしてこの世界の未来を背負う学生の皆さんにとって，多くの洞察を与えんことを願うばかりである．

2020 年 9 月吉日

土方 嘉徳

目　　次

第1章

Webとソーシャルメディア

職場や家庭にインターネットが入ってきて以降，Web とソーシャルメディアは，我々の生活を大きく変えてきた．日常の買い物や友人との連絡，学校での勉強，そして仕事の内容に至るまで，Web やソーシャルメディアの出現以前と出現以降は，全く異なると言ってよいであろう．Web とソーシャルメディアは，人や社会を大きく変革してきたことで，学術にも大きな影響を与えてきた．これらは，もともとコンピュータの学問分野の一技術として誕生したものであるが，そこでのデータは，より知的で高度な情報処理技術を実現するのに貢献している．また，人や社会の性質やモデルを理解する人文社会科学の分野においても，ソーシャルメディア上のデータを用いた研究が多くなりつつあり，アンケート等では明らかにすることができなかった新たな知見をもたらしている．このように，Web とソーシャルメディアは多くの学問分野と関連する技術（環境）であるのにも関わらず，それらが持つ社会性に関して一貫した議論を行い，学問的な体系化を行う試みはほとんどされてこなかった．本書では，この難題に挑み，不完全であるかもしれないが，その体系化の 1 つの形を示したいと思う．本章では，Web とソーシャルメディアが，様々な学問分野に与えた影響について，そしてビジネスの分野にもたらした変革について概観する．

1.1 注目されるソーシャルメディア

有史以来，人類のコミュニケーション手段は常に進化を続けている．しかし，直近の 30 年ほどで経験したその変化は最もドラスティックなものであったと言える．この変化は，インターネット，Web，そしてソーシャルメディアの発明により引き起こされた．これらの発明は，人のコミュニケーションから，時間，空間，そして規模の制約を取り払うという画期的なものであった．従来から，人のコミュニケーションは，学術の世界（特に社会学や心理学の分野）では常に研究の対象になってきた．そのため，インターネットに端を発するコミュニケーション環境の変化は，恰好の研究対象となった．また，ビジネスにおいても，この新しいコミュニケーション環境を企業と顧客とをつなぐマーケティングチャネルと見なし，他社と差別化するための絶好の機会と捉えるようになった．このように，最先端のコミュニケーション環境であるソーシャルメディアは，あらゆる分野において注目を集めている．そのため，その学問としての体系化が望まれている．本章では，ソーシャルメディアが学術とビジネスの両方の分野で注目されている理由を述べる．

1.2 計算機科学におけるWebの革新

1.2.1　コンピュータと人工知能の歴史

ソーシャルメディアの革新について語る前に，その前身であるWebがコンピュータの世界（コンピュータに関する学問分野である計算機科学）に与えた影響について説明する．コンピュータがこの世に誕生してから100年近くが経つ．コンピュータの発明はいつだったのか，誰によるものであったのかは，議論の分かれるところではあるが，現在のコンピュータにつながる電気式の計算機としては，第二次世界大戦前後に発明されたものを起源とするのが一般的である．1941年にドイツでツーゼ（Konrad Zuse）によって開発されたZ3[1]や，1946年にアメリカでモークリー（John William Mauchly）とエッカート（John A. Presper Eckert）らによって開発されたENIAC[2]が，コンピュータの起源として有名である．

これらの計算機（以降，コンピュータ）は，まさに文字通り計算を行う機械として開発された．特に，砲弾の弾道や魚雷の航路などの計算を行う軍事目的で利用された（図1.1左上参照）．やがて，研究者たちは，この計算を行う機械を，より高度な目的で利用することを試みるようになる．それは，すなわち**人工知能**（Artificial intelligence）の実現である．1956年に行われた会議（ダートマス会議と呼ばれる）にて，コンピュータによる人の知能の実現が提案されたのである．この会議において，人の知能を実現する機械を作るということが，コンピュータ応用の目標であり，また果てしない夢として認識されたのである．ダートマス会議の後，8パズルや8クイーン，チェッカーなどのパズルやゲー

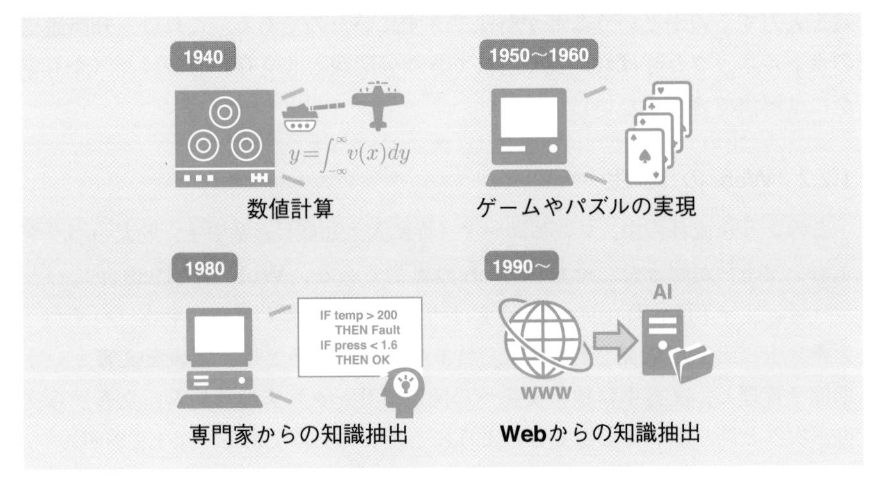

図 1.1　コンピュータと人工知能の歴史

ムを，コンピュータが解くという試みが多数行われるようになった（図 1.1 右上参照）．

その後，コンピュータはビジネス現場への導入が進んだ．計算を行う機械というよりも，むしろ大量のデータを保存するための機械として，その価値が認められたのである．ビジネス利用を促進したのは，1970 年頃に開発された**データベースシステム**（特に**リレーショナルデータベース**）にある [3]．人工知能の分野においても，パズルやゲームだけでなく，より実用的な応用が意識されるようになった．1980 年前後にブームになったエキスパートシステムの開発である．**エキスパートシステム**は，コンピュータに蓄積した知識を用いて，特定領域の問題（実用的な問題）を解くシステムである（図 1.1 左下参照）．医療診断を行う Mycin というシステム [4] や，顧客の要求に基づいてコンピュータシステムの機器構成を自動的に選択する XCON（学術論文では R1 という名称が使われている）[5] が有名である．

実用的な問題を解く人工知能の実現に，世間は大きな期待を寄せたが，その期待はすぐに裏切られることになる．なぜなら，エキスパートシステムは，それに必要な知識の蓄積（入力）を人手に頼っていたからである．ある特定の領域（ドメイン）の問題だけを解決するならよいが，エキスパートシステムを世の中に存在するありとあらゆるドメインに適用するためには，いったい誰が知識を入力するのかということが解決できずにいたのである．これは，**知識獲得のボトルネック**と呼ばれ，長く解決できない問題として存在し続けた（今も完全には解決できていない）．

1.2.2 Web の 誕 生

このような流れの中，コンピュータ（特に人工知能）の歴史上，最大のパラダイムシフト[†1]が起きた．それはWebの誕生である．**Web**は，1989年にバーナーズ=リー (Tim Berners-Lee) により分散型の情報共有システム（ハイパーテキスト）として開発された[6]．**ハイパーテキスト**とは，情報を文書という単位で管理し，文書中に他の文書への関連（リンク）を埋め込み，文書から文書へ次々と渡り歩いて閲覧できるようにしたシステムである（図1.2参照）．リンクの手がかり（通常，キーワードや画像に付与される）はアンカーと呼ばれる．Webは，当初「World Wide Web」と呼ばれていた．ちょうど，文書と文書のつながりが，蜘蛛（くも）の巣に似ていることから，そのように名づけられた．当初はこの省略語である「WWW」という言葉も多く用いられたが，現在では単に「Web」と呼ばれることが多い．

Webはインターネットプロトコル（インターネット上で通信を行うための規約）を利用したシステムであったため，世界中の研究者によって利用されることになった．さらに，1995年に爆発的な人気となったオペレーティングシステム

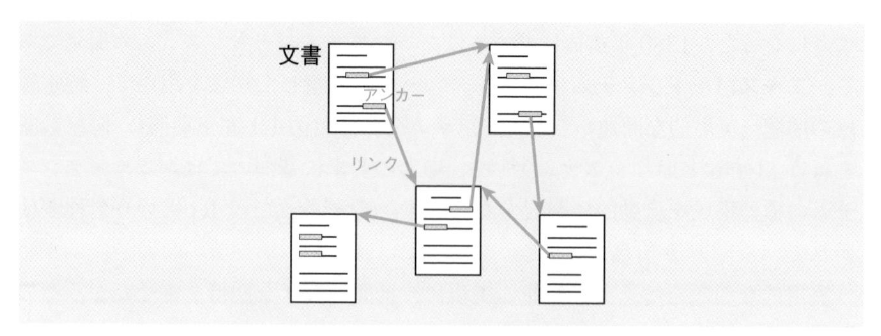

図 1.2 ハイパーテキストの構造

[†1] その時代や分野において当然のことと考えられていた認識や思想，価値観などが劇的に変化すること．本書では，それが起きた時点を「転換点」と呼ぶ．

Windows95 が，ネットワークへの接続機能を充実させていたため，一般の人にもインターネットと Web の利用が広がっていった．

1.2.3 知識源としての Web

Web がコンピュータの歴史の中で最大の転換点であると言えるのは，不完全ながらもコンピュータが初めて大量の知識を持つことができた点にある（図 1.1 右下参照）．エキスパートシステムに代表されるそれまでの人工知能技術は，誰かが知識をコンピュータに入力する必要があった（図 1.3 左参照）．しかも，実用的なシステムとして構築しようとすると，コンピュータが扱いやすい形式[†2]で知識を入力する必要があった．一般にこのような形式は**機械可読**な形式と呼ばれる．コンピュータには明確で分かりやすい形式ではあるが，これを人が入力するとなると，手間と時間がかかるものであった．

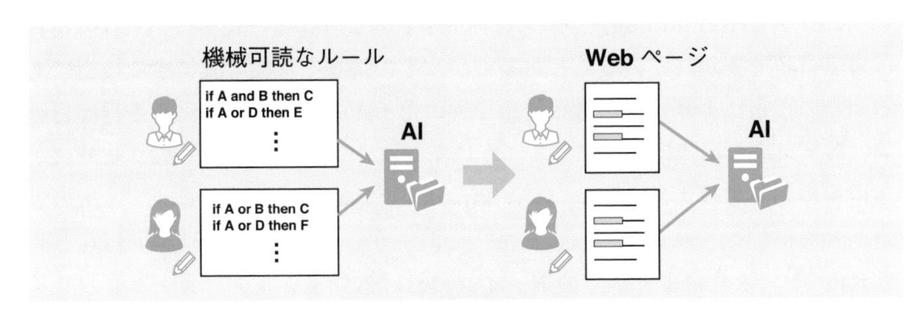

図 1.3 **Web が計算機科学にもたらした革新**

これに対して Web では，人々は自分自身の言葉で思い思いに情報を発信する．そのため，人工知能の開発者や管理者が，人に頭を下げてお願いしなくても，大量の情報がコンピュータに記録されるようになった（図 1.3 右参照）．Web の情報は，人が人に見てもらうために書いたものであるため，それをそのままコンピュータが理解できるわけではないが，それでも人間社会に存在する大量の知識や情報がコンピュータに電子的に記録されるようになったことは，最大の革新であったと言える（図 1.4 右上参照）．

[†2] 多くの場合，IF-THEN ルールと呼ばれるルール形式であったり，オブジェクトに対する属性－属性値の形式であったりする．

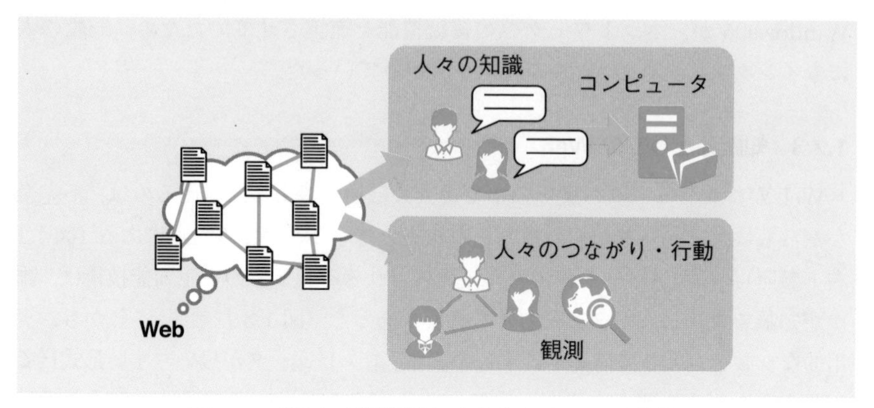

図 1.4　**Webが学術界にもたらした2つの革新**

Webの発展と共に，そのデータを人工知能に応用するための技術である**Webマイニング**（Web mining）が盛んに研究されるようになった[7]．Webの情報は自然言語で書かれていることが多いが，その情報を機械可読にする技術である．この技術により，人が自然言語で書いたテキストデータは，ある程度自動的に機械可読な形式に変換できるようになった（図1.5参照）．一般ユーザによる情報や知識の提供は，BlogやWikipediaを始めとする集合知メディアの実現とともに加速されることになった．このようなWebサイトはWeb2.0と呼ばれた[8]．これにより多くのドメインにおける知識をコンピュータに取り込むことができるようになり，近年ではIBMの質問応答システムWatson[9]に

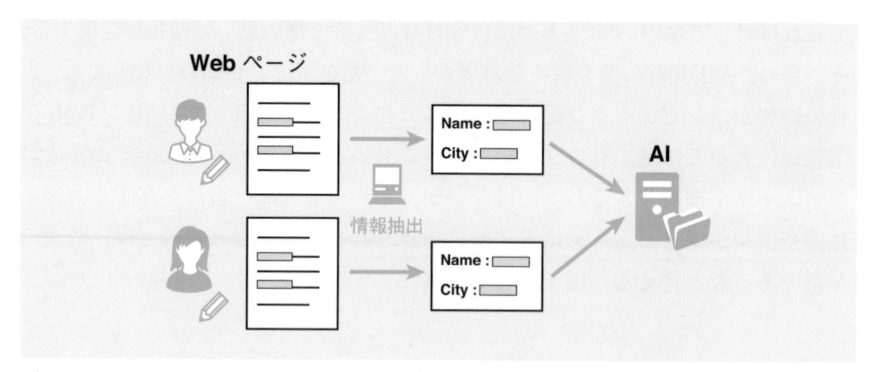

図 1.5　**WebマイニングによるWebからの情報抽出**

見られるように，人工知能は人間のクイズ王を打ち負かすほどの性能になった．このことからも，Web が人工知能の性能を飛躍的に向上させたことが分かる．

1.3 人文社会科学におけるソーシャルメディアの革新

1.3.1 従来の Web

Web の目的は，複数のユーザ間（実際には世界規模でのコミュニティ）における情報共有であった．そのため，Web が誕生して間もない頃に人々により共有されていた情報は，個人的な情報と言うよりも，論文や技術的な文書，ニュースなどの，多くの人間にとって価値のある公共の情報であった．この当時の Web の貢献は人類に共通の知識を電子的に記録したことにある．一部のユーザは，個人のホームページにて日常の出来事を公開していたが，多くの個人の実世界・実社会での行動が分かるほどではなかった．また，そのようなユーザの中には **CGI**（Common Gateway Interface：Web から Web サーバ上のアプリケーションを起動することができる API）を用いた Web 掲示板を設置し，ユーザ間のコミュニケーションを記録し公開している者もいたが，多くの一般ユーザ間のコミュニケーションを含むものではなかった．

1.3.2 ソーシャルメディアの誕生

Web の誕生から 10 年ほど経過した 2000 年代の後半，Web の世界に新しいタイプのサービスが相次いで出現した．Twitter や Facebook に代表されるソーシャルメディアである（実際には，2000 年代の前半から，Friendster や MySpace，mixi といったソーシャルネットワーキングサービスが開始されていたが，一般の多くのユーザが使うようになったという点でいうと，2000 年代後半が本格的な普及の起こった時期だと言える）．これらは新しいスタイルの Web と言え，Web を記述するための言語である **HTML**（HyperText Markup Language）を知らなくても，「投稿」という形式で手軽に情報を公開できるようにした．また，写真や動画などのマルチメディアコンテンツの投稿も簡単に行えるようになった．さらに，友人の投稿に対しても，手軽にコメントを書き込んだり，ワンクリックで反応を返せたりできるようになった．情報発信とコミュニケーションの敷居を大きく下げたのがソーシャルメディアである．

ソーシャルメディアは，そのサービス自体に手軽さがあったが，それをさらに手軽にしたのはサービスにアクセスする端末の進化にもある．2000年代の後半になると，従来型の携帯電話に加えてスマートフォンが普及したのである．これにより，真の意味で一般ユーザが情報発信を行うようになった．日本のTwitterユーザ数は4,500万人に達し，世界のFacebookユーザ数は25億人に達している（それぞれ2020年1月と2019年12月におけるStatista社による推計結果）．人々は，実世界に情報端末を持ち出し，そこで起こった出来事や感じたことをソーシャルメディアに投稿するようになった．

1.3.3 行動痕としてのWeb（ソーシャルメディア）

情報発信者としての一般ユーザの参加は，これまでWebに蓄積された情報の性質を一変させた．コンピュータの専門家やビジネスパーソンだけでなく，一般のユーザや消費者が，スマートフォンを手に街に繰り出し，そこで見たものや聞いたこと，会った友達やコミュニケーションの内容をソーシャルメディアに投稿するようになったのである．これはすなわち社会や実世界で起きていることがコンピュータに記録されるようになったことを意味する．一般知識の記憶装置としてWebが機能するだけではなく，人々の行動の痕跡をデジタル保存する装置としてWeb（ソーシャルメディア）が機能するようになったことを意味する．これにより，社会で起きつつある流行を検出したり，人の行動を予測したりする人工知能が現実的になったのである．これが，Webとソーシャルメディアが学術界にもたらした2つ目の革新である（図1.4右下参照）．

また，ソーシャルメディアの流行は，人工知能を実現することを目的にした計算機科学の分野での革新にとどまらず，人や社会を理解することを目的にした人文社会科学系の学問分野にも，大きな前進をもたらした．特に，社会現象の実態やその発生メカニズムを解明しようとしてきた社会学において，ソーシャルメディアは貴重なデータ資源になることになった（「**ソーシャルセンサ**」とも呼ばれる）．従来，社会学においては，社会の特性やモデルを解明する手法を社会調査に頼っていた．この社会調査は質問紙法や面接法によって行われるのであるが，この方法で調査対象となる人の数には限りがあり，調査規模がボトルネックとなっていた．このボトルネックから解放されることは，調査の信頼性や一般性の向上という点で大きな意味がある（図1.6参照）．ソーシャルメディアの行動データを用いれば，多数のユーザの行動の痕跡を現象の実態やその発生メカニズムの解明に用いることができるのである．アンケートと異なり，回答誤差のない本物のデータであるため，ユーザの偽りのない姿が明らかにされることが期待される．Webとソーシャルメディアが，様々な研究分野で注目される理由はここにある．

ソーシャルメディアの誕生以降，計算機科学と人文社会科学，とりわけ社会学と心理学は，極めて密接なものとなった．大量の行動データを分析するには，計算機科学の技術が欠かせないが，分析の目的やそもそもの特徴の意味を考慮することなく，高度なアルゴリズム†3を適用することは意味をなさない．高度なアルゴリズムが出力した結果を意味的に解釈するのは，結局人間になることが多いからである．そのため，ソーシャルメディア上の行動ログの分析は，計算機科学者と社会学者や心理学者が一体となって行うことが多くなった．Webとソーシャルメディアの研究は，文理融合研究（学際的研究）の先駆的モデルになったと言える．

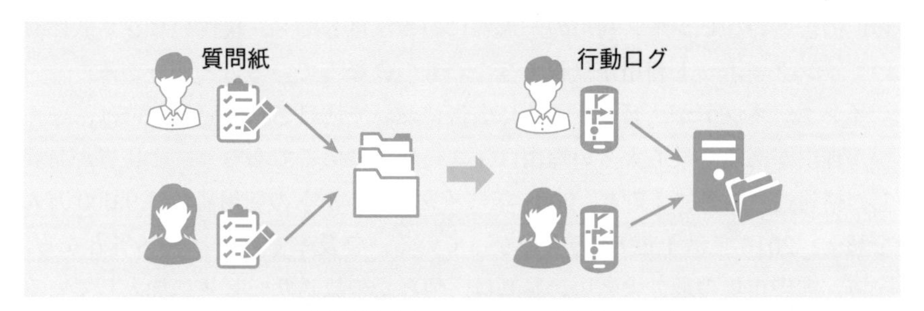

図 1.6 質問紙調査から行動ログ解析への変化

†3 コンピュータで問題を解くための手順．

1.4 ソーシャルメディアのビジネス利用

1.4.1 インターネット広告

多くのユーザが Web（インターネット）を利用するようになると，ビジネスに利用しようとする企業が出てくるのは必然である．ビジネス利用において，最も分かりやすい例は広告であろう．経済産業省が行っている特定サービス産業動態統計調査（広告業）によると，2007～2017 年の 10 年間において，最も成長率が高いのはインターネット広告で，市場の成長率は 4.9 倍となっている．一方，この期間において新聞は 0.54 倍に落ち込んでいる．市場規模の最も大きいテレビ広告においても，市場の成長率は 0.93 倍と縮小傾向にある．2020 年におけるインターネットの市場規模はおよそ 2 兆円（2019 年 12 月矢野経済研究所調査）に達している．一方，下落傾向にあるテレビの市場規模は，2018 年でおよそ 1 億 8,000 万円（2019 年 2 月電通調査）であり，インターネット広告がテレビ広告の市場規模をすでに上回っていることが分かる．これらのことから，広告というビジネス利用の一形態にのみ注目しても，現代のビジネスにおいてインターネット利用が無視できないものになっていることが分かる．

インターネットが，ビジネス特に広告において注目されているのには，いくつか理由がある．最も大きい理由は，ユーザ数にあるであろう．総務省が発表した情報通信白書によると，2008 年にインターネットの利用者数は 9,000 万人を超え，2016 年は 1 億 84 万人になっている．普及率で言うと 83.5％となる．一方，広告市場の最も大きいテレビは，何らかの放送サービスに加入している契約者数で言うと 7,806 万人になっている．テレビは家庭単位で契約するため，単純な比較はできないが，利用者数で言うとインターネットとテレビには，ほとんど違いはないと見てよい．この普及率の増加が，注目される最大の理由である．

また，テレビやラジオ，新聞，雑誌と異なり，インターネット広告はインタラクティブ性が高いことも注目される理由である（図 1.7 参照）．インターネット広告，特に Web 広告は，リンクのクリックというアクションを伴うことから，広告効果の測定が容易となる．また，広告を見て，即時的かつ直接的に購買に至るアクションを起こすことができる点も他のメディアにはない特徴であ

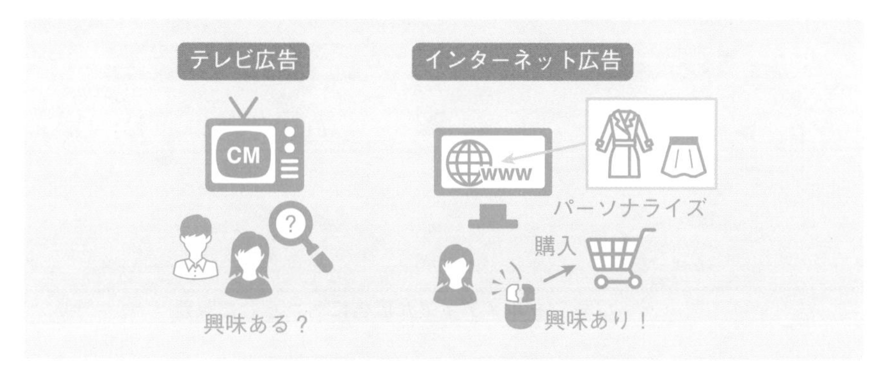

図 1.7　**Web が広告にもたらした革新**

る．また，広告媒体であるメディア上での行動を記録することができるため，他のメディアでは実現不可能な広告のパーソナライズ（個人適応）も可能である（「**ターゲット広告**」とも呼ばれる）．そのためインターネットでは，全く興味のない内容の広告を目にすることは，逆に難しくなっている．ユーザに適した広告を提供することにより，効率的な宣伝活動を行える点が，インターネット広告の最大の強みである．

1.4.2　ソーシャルメディア広告

さらに近年インターネット広告にさらに注目が集まる理由は，ソーシャルメディアにおける広告の存在であろう．ソーシャルメディア上では，企業も 1 つのアカウントを持つことができるため，一アカウントとして，宣伝活動を行うこともできる．ソーシャルメディアを用いた一連の宣伝活動は，**ソーシャルメディアマーケティング**とも呼ばれる．これまで，広告には（特にテレビ CM では）莫大な広告費を必要としたが，ソーシャルメディア上で一アカウントとして情報提供するのに必要な広告費はゼロである．

また，ソーシャルメディアが従来メディアと決定的に異なるのは，媒体が提供する情報の種類にある（図 1.8 参照）．従来メディアであるテレビやラジオ，新聞，雑誌などは，多くの視聴者や読者に向けた一般情報やコンテンツを提供している．すなわち，視聴者や読者は，情報やコンテンツを楽しんでいる間に，広告を目にすることになる．一方，ソーシャルメディアで提供しているのは，コミュニケーション環境である．人々の間のコミュニケーションの文脈に，広告

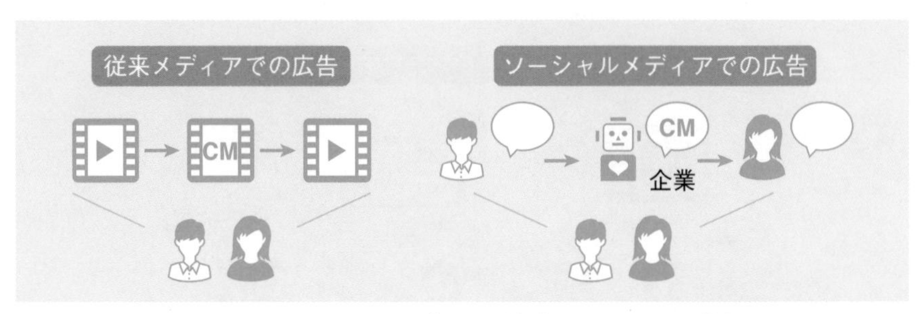

図 1.8 ソーシャルメディアが広告にもたらした革新

が介入してくるのである．大事な家族や友達，仕事仲間とのコミュニケーションは，一般的な情報よりも優先度が高くなりがちである．そのようなコミュニケーションの文脈（画面上ではタイムラインと呼ばれる）に，広告を挟み込めたり，一ユーザとして情報やコンテンツを提供したりできることは，マーケティングにおいては最大の武器となる．これが，ソーシャルメディアがビジネスにもたらした最大の革新であると言える．

1.5 Web とソーシャルメディアの社会性

ここまで議論してきたように，Web とソーシャルメディアは，情報共有環境でありコミュニケーション媒体でもある．したがって，これらはプラットフォームそのものが社会性を持っていると言える．本書では Web やソーシャルメディアの世界で何が起きているのか，またこれらは社会学や心理学をはじめとする人文社会科学系の研究分野において，どのような意義があるのかについて述べることにする．特に，Web やソーシャルメディアのデータを用いて，どのような社会現象を解明し，その一般化が行えるのか，また Web やソーシャルメディアを人々はどのように利用していて，その背後にある心理は何なのかについて明らかにする．

また，Web とソーシャルメディアでは，多くのユーザが聴衆を意識して情報を提供し，互いにコミュニケーションをとっているが，これらの記録であるデータも社会性を持っていると言える．人は誰かに見てもらいたくてソーシャルメディアに情報を投稿する．例えば，職場の同僚に情報を共有したかったり，古い友人に近況を報告したかったりである．また，それらの同僚や友人は，その投稿に対して「いいね！」やコメントなどのアクションを返すことができる．このような社会性を持つデータは，コンピュータ（人工知能）の能力を大幅に高めることができる．本書では，データの社会性がコンピューティング能力の向上にいかに寄与するのかについても述べる．

上記の2つの観点より，Webとソーシャルメディアのプラットフォームとしての性質や知見，モデルを1つの学問体系としてまとめることが，本書のねらいである．本書では，このような学問体系を「**ソーシャルメディア論**」と呼ぶことにする．広義には，情報学全体における社会性に注目した学問である**社会情報学**（social informatics）に含めることができる．社会情報学は，Webだけではなく，独自開発のアプリケーションから組織内の情報システムまで，ありとあらゆるコンピューティング環境を研究対象とする．コンピュータネットワークで構築される情報環境における人のコミュニケーションやインタラクションを対象とした学問分野が社会情報学である．また，たとえコンピュータがネットワークにつながっていなくとも，それを複数の人間で協調的に利用するのであれば，社会情報学の研究対象に含まれる．一方，本書の扱う内容は，オープンな情報共有とコミュニケーションの環境であるWebとソーシャルメディアに絞っている．したがって，ソーシャルメディア論は，社会情報学の一分野と位置付けることができる．

社会情報学に関連する分野として**ソーシャルコンピューティング**（social computing）がある．これは，人々のコミュニケーションやインタラクションを用いた，新しいコンピューティング方式を開発する学問である．例えば，社会情報学の文脈で，人々のコミュニケーションやインタラクションを分析し，その分析で発見した知見を用いて，新しいアルゴリズムや技術的方法論を開発するのがソーシャルコンピューティングである．ソーシャルメディア論は，Webやソーシャルメディアのようなオープンな情報共有とコミュニケーション環境に限定しているが，そこでのデータ分析で発見した知見も，ソーシャルコンピューティングに応用可能である．

また，このような社会性を持つデータを高度利用する際の，技術的方法論としての本質（核となる数理的な理論）は，ソーシャルコンピューティングだけではなく，ソーシャルメディア論や社会情報学にも含まれると考えられる．そのような技術的方法論や数理的理論から，人々の行動や人々が創作したコンテンツに対して考察を加えることも可能であるからである．すなわち，社会情報学とソーシャルメディア論，そしてソーシャルコンピューティングは，完全に切り分けられているわけではなく，社会現象や人々の心理を解明することに重点を置くか，新しいアプリケーションやサービスを開発するための技術的方法論に重点を置くかの立ち位置の違いにあると言える．

本書では，Webとソーシャルメディアの歴史およびソーシャルメディアの種類について（2章）と，集合知の考え方から見た協調プラットフォームとしてのWebについて（3章），Webデータの社会性が人々の情報獲得に与えたインパクトとその支援の方法論について（4章），ソーシャルメディアにおける人と人とのつながりについて（5章），ソーシャルメディアを用いた社会分析について（6章），ソーシャルメディア上の人々の行動と心理について（7章），ソーシャルメディアにおける印象形成について（8章），それぞれ述べる．また，最後に9章では，ソーシャルメディアがもたらした問題と，ソーシャルメディアの今後の発展について述べる．

演習問題

問題1　Webが学術分野（特に計算機科学の分野）にもたらした2つの貢献について簡潔に説明せよ．

問題2　ソーシャルメディア上のデータが人文社会科学系の研究において，どのような役割を期待されているのかについて簡潔に説明せよ．

問題3　インターネット広告の従来メディア広告に対する利点を述べよ．

問題4　ソーシャルメディア広告の従来メディア広告に対する利点を述べよ．

問題5　ソーシャルメディア論と社会情報学，ソーシャルコンピューティングとの関係性について述べよ．

第2章

ソーシャルメディアの分類

本書の主題はソーシャルメディアが持つ社会性とその知的応用，そしてソーシャルメディア上のデータを用いた社会・心理分析に焦点を当て，1つの学問体系の形を示すことにある．しかし，この体系化には，ソーシャルメディア，さらにその源流であるWebがどのように進化してきたのかについて，理解しておく必要がある．このような進化の流れは，ソーシャルメディアの今後の変化を予測する上でも必要となる．また，一口にソーシャルメディアと言っても，そのサービスの種類は単一あるいは均一のものではない．コミュニケーションの粒度や頻度，範囲は，サービスによって異なる．そこで，2020年現在で，よく用いられているソーシャルメディアとWebサービスに対して分類を行う．また，このような分類を行う前に，ソーシャルメディアとはいったい何なのかと，それに含まれるサービスの範囲について議論し，定義を行いたい．この定義においては，Webの社会性をより一般的に理解するために，ソーシャルメディアを包含する上位概念である協調型Webサービスについても，その事例を紹介し，一般化した定義を行う．本章の内容は，3章以降の議論に必要なものとなってくるので，目を通しておいていただきたい．

2.1 Webとソーシャルメディアの発展

一般の人々にもWebが使われ始めるようになったのは，インターネット接続機能が充実したOS（Operating Systemの略でコンピュータを利用するのに必要な基本機能を実現したソフトウェア）であるWindows95が発売された1995年頃である．多くの**インターネットサービスプロバイダ**（インターネットに接続するための回線とサービスを提供する業者）が立ち上がり，人々はそのサービス上で提供されるサーバを借りることで，自分のホームページを持つことができるようになった．このことがきっかけとなり，多くの一般ユーザがインターネットに接続し，Webを利用するようになった．当初は，専門的な知識がないと，Webで情報発信することができなかったが，そのような知識がなくとも情報発信し，コミュニケーションを取ることができるサービス（後で説明するブログ）が登場したため，Webは急速に普及し，発展することになる．そして，Webは，ほぼ全ての人口層で使われるようになり，人と人とが交わるプラットフォームであるソーシャルメディアに進化した．以降の項では，Webがいつ誕生し，どのように発展してきて，現在のようなソーシャルメディアに進化したのかについて概説する．各項での説明に先立ち，Web誕生から現在までにWeb上で立ち上がったサービスについての年表を表2.1に示す．

表 2.1　**Webとソーシャルメディアの歴史**

年	出来事
1989	World Wide Web（Web）の考案
1991	インターネット上でのWebの稼働
1993	Webブラウザ Mosaic リリース
1994	Webブラウザ Netscape Navigator リリース e-commerce サイト Amazon.com 開設 ディレクトリサービス Yahoo!開設 検索サイト Infoseek 開設
1995	オペレーティングシステム Windows95 発売 Webブラウザ Internet Explorer リリース 検索サイト LYCOS，Excite，AltaVista 開設 協調支援ソフトウェア Wiki リリース オンラインオークションサイト eBay 開設
1996	推薦システムを販売する Net Perceptions 設立
1997	Webメールサービス Hotmail 開設 e-commerce サイト 楽天市場開設（日本）
1998	検索サイト Google 開設
1999	大規模掲示板 2ちゃんねる開設（日本） BtoB e-commerce サイト アリババ開設（中国）
2000	ブログの流行 検索エンジン 百度（バイドゥ）開設（中国）
2001	インターネット百科事典 Wikipedia 開設
2002	SNS Friendster 開設
2003	SNS Myspace，LinkedIn 開設 Webブックマークサービス del.icio.us 開設 インターネットテレビ電話 Skype 開設 口コミサイト 点評（Dianping）開設（中国）
2004	SNS mixi（日本），Facebook 開設 写真共有サービス Flickr 開設 レストラン口コミサイト Yelp 開設
2005	動画共有サービス Youtube 開設 Q&A サイト Yahoo! Answers 開設 レストラン口コミサイト 食べログ開設（日本）
2006	動画共有サービス ニコニコ動画開設（日本） マイクロブログ Twitter 開設
2007	マイクロブログ Tumblr 開設
2009	位置情報 SNS Foursquare 開設 コミュニケーションツール WhatsApp Messenger 開設 マイクロブログ Weibo 開設（中国）
2010	画像共有サービス Instagram，Pinterest 開設 Q&A サイト Quora 開設 タクシー配車サービス Uber 開始 O2O プラットフォーム 美団（Meituan）開設（中国）
2011	SNS Google+，So.cl 開始 コミュニケーションツール LINE 開始 Snapchat 開設 コミュニケーションツール WeChat 開設（中国） タクシー配車サービス 滴滴出行（DiDi）開設（中国）
2013	仮想ライブ空間サイト SHOWROOM 開設（日本）
2014	短編動画共有サービス musical.ly 開設 タイムチケット開設（日本） 実況動画作成サービス Mirrativ 開設（日本）
2016	短編動画共有サービス TikTok 開設
2017	プロフィールサイト MOSH 開設（日本）
2018	動画投稿サービス IGTV 開設 VTuber 専用ライブ配信サービス REALITY 開設（日本）

2.1.1 Webの誕生（1989〜1994年）

Web（**World Wide Web**）は，1989年に欧州原子核研究機構（CERN）のバーナーズ＝リー（Tim Berners-Lee）により，分散型の情報共有システム（ハイパーテキスト）として提案された[6]．そして1990年に，バーナーズ＝リーは，CERN内のNeXTというワークステーション（高機能なコンピュータ）上に，最初のWebページを設置した．これが，実体として存在した世界で初めてのWebである．さらに，彼は1991年に，インターネット上で**Webサーバ**（**httpd**と呼ばれるWebをインターネットで公開するソフトウェア）を立ち上げた．これが真の意味で（世界中の誰もがアクセス可能であるという意味で）Webの起源だと言うこともできる．

また，彼はWebサーバだけでなく，Webページを閲覧するための**Webブラウザ**も開発した．CERNはWebを誰でも無料で利用できるようにしたため，多くの人々に利用されるようになった．ここで，Webの仕組みについて簡単に説明しておくと（図2.1参照），Webで情報を公開したいユーザは自分のコンピュータにWebサーバ（httpdと呼ばれるソフトウェア）をインストールしておく．そのコンピュータの特定のディレクトリに，**HTML**（HyperText Markup Language）というコンテンツを記述するための言語で記述されたWebページのファイルを保存すると，インターネットを通じて世界中に情報を公開することができる．Webで情報を閲覧するユーザは，自分のコンピュータに

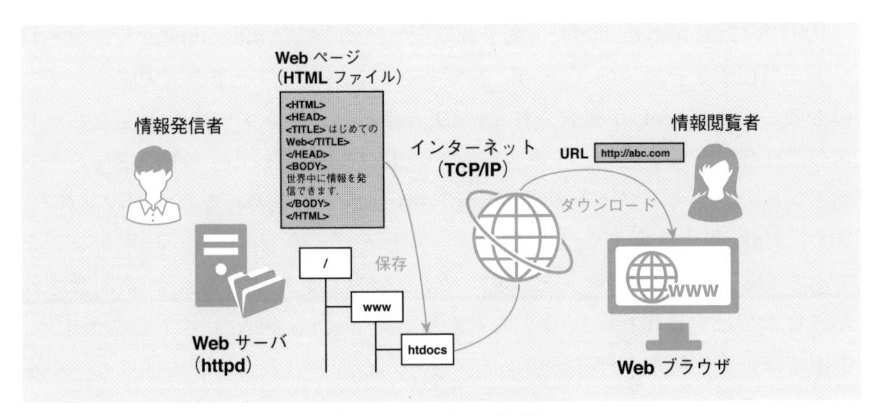

図2.1 Webの仕組み

Web ブラウザをインストールし（現在のパーソナルコンピュータやスマートフォンには標準で，この Web ブラウザが備わっている），Web ブラウザのアドレスバーに目的の Web ページの **URL**（Uniform Resource Locator の略で，Web ページの在り処を示す住所のようなもの）を入力することで，その情報を閲覧することができる．

インターネットは，世界共通の通信規約である**インターネットプロトコル**（**TCP/IP** に基づくもの）により通信を行う．Web は，このインターネットプロトコル上の **HTTP**（HyperText Transfer Protocol）というプロトコル上で実装されることにより，世界中のコンピュータ同士で情報のやり取りができるようになった．Web の最大の貢献は，**情報探索**（文書から別の文書へリンクを用いて移動すること）という新しい情報獲得スタイルを実現したハイパーテキストと，世界中に情報公開可能なインターネットを融合し，それを誰でも自由に開発し拡張することを許容した点にある．

2.1.2 Web の商用利用の始まり（1995～1999 年）

Web は，公開して間もない頃は，主に大学の研究者やエンジニアを中心に利用されてきた．しかし，1993 年に Mosaic，1994 年に Netscape Navigator というグラフィック機能に優れた Web ブラウザ（Web ページを閲覧するソフトウェア）がリリースされ，1995 年にネットワーク機能に優れた Windows95 という OS が発売されたことで，一般の人々にも使われるようになった．

1994 年には，e-commerce（電子商取引）サイトの Amazon.com や，ディレクトリ型検索サービスの Yahoo!，検索エンジン（キーワードを入力するタイプのもの）の Infoseek が開設された．1995 年には，インターネット関連サービスの設立ラッシュを迎え，検索エンジンの LYCOS，Excite，AltaVista，オンラインオークションサイトの AuctionWeb（eBay の前身）などが開設された．また，1990 年代後半までに，Web メールサービスの Hotmail，検索エンジンである Google，MSN サーチ（現，マイクロソフトによる Bing）が開設された．日本では大規模掲示板の 2 ちゃんねるや e-commerce サイトの楽天市場，中国では企業間商取引サイトであるアリババが開設された．この他にも，中小を合わせると数えきれないほどのインターネットサービスが立ち上がり，現在の主要な Web サービスは，ほぼこの 5 年間で出そろったと言える．

2.1.3 Web2.0時代（2000〜2006年）

1990年代後半は，インターネット関連企業が次々と設立され，それらの企業に対する株式市場からの期待も非常に大きいものであった（インターネットバブルと呼ばれる）．しかし，2000年代に入ると，立ち上げられた企業のうち，生き残るものとそうでないものが出てきた．その結果，インターネット関連のNASDAQの株価指数は5分の1程度にまで下落し，その後の10年ほどは停滞が続いた．株価そのものは停滞していたが，Webの世界では，今のソーシャルメディアにつながる大きな流れが生まれつつあった．それが，Web2.0という流れ（3.2節にて説明）である．Web2.0とは，Webのエンドユーザによる協調的な利用形態を表す．Web2.0という言葉が流行したのは2005〜2007年頃であったが，2000〜2005年頃に立ち上げられたサービスに，Web2.0である要件を満たすサービスが多く見られる．

具体的には，ブログ（weblogまたはblog）[10]，インターネット百科事典であるWikipedia，Webのブックマークサービスであるdel.icio.us，インターネットテレビ電話であるSkype，写真共有サービスであるFlickr，Q&Aサイトである Yahoo! Answers（日本ではYahoo!知恵袋），動画共有サービスであるYouTubeやニコニコ動画（日本），口コミサイト（レビュー投稿サイト）であるYelpや価格.com（日本），食べログ（日本），点評（Dianping）（中国）などがある．いずれも，企業が何かのコンテンツや情報を提供するわけではなく，一般のユーザにオープンで自由な情報共有が行える仕組みを提供している点が特徴である．従来の情報サービス産業は，事業主体自らが何らかのコンテンツを用意し，それを有料で提供するものであったが，Web2.0ではエンドユーザ自身が無料でコンテンツを作り上げていった．

また，後に絶大な人気を得ることになるソーシャルネットワーキングサービス（social networking service または social network service）が誕生したのもこの頃である．一般にはSNSと省略して表現されることが多いため，本書でもSNSという言葉を使う．SNSとは，友人とオンラインでオープンに明示的につながることができるサービスである．2002年にFriendster，2003年にMyspaceとLinkedIn，2004年にmixi（日本）とFacebookと，次々とSNSが立ち上がった．また，2006年と2007年にはTwitterとTumblrが立ち上げられた（これらはSNSと区別され，マイクロブログサービスと呼ばれることもある）．友人とのつながりを明示化するということは，当時のユーザには非常に新鮮なものであった．この後，SNSは激しい競争の末，FacebookとTwitterが人気のサービスになった．

SNSという言葉は，ソーシャルメディアと似たような意味で用いられることが多いが，筆者の分類としては，友人との関係を明示化してそれを開示した上で，友人との直接的なコミュニケーションを行うサービスがSNSで，明示的なつながりの開示を必要としない間接的なコミュニケーションも含むコミュニケーションプラットフォームをソーシャルメディアであると捉えている（2.2節にて説明）．すなわちソーシャルメディアの一形態がSNSと言える．この観点で言うと，上述のWeb2.0関連サービスの一部もソーシャルメディアと見なすことができる．

2.1.4 ソーシャルメディアの本格的普及（2007〜2014年）

ここまで順調にユーザ数を獲得してきたWebであるが，2000年代の後半以降にその普及を加速させたのは**スマートフォン**の登場である．それまでの携帯電話もインターネットにアクセスする機能（例えば，NTTドコモのｉモードなど）はあったが，画面の表現能力やユーザからの入力機能が優れているとは言えず，限定的なインターネット利用にとどまっていた．しかし，スマートフォンは大きなマルチタッチ式の画面で，その情報端末としての利便性を向上させたため，多くのユーザは外出時のモバイル環境（有線や無線LANによるインターネット接続ができない環境）においても，常時インターネットにアクセスしている状態（**オンライン**の状態）になった．スマートフォンの普及によりWebとソーシャルメディアは，これまでパソコンを使ってこなかった人たちにまで広く使われるようになった[11]．

スマートフォンの普及により，実世界とオンラインの融合が進むことになった．人々は常にスマートフォンを手にしているため，外出中や電車での移動中など，これまでオフライン（インターネットに接続していない）の環境であったところからも発信するようになった．また，その発信内容は実世界で見聞きしたものや感動したものなど，より発信者にとって現実味のあるものになっていった．また，位置情報に基づいたSNSであるFoursquare（その後Swarmというサービスに進化）や，タクシーの配車サービスであるUberや滴滴出行

(DiDi) など，スマートフォンの位置測定機能を取り入れたサービスも開設されるようになった．オンラインの地図サービスも，そのようなサービスの1つである．中でも，2005年に開設されたGoogleマップは，そのデータ規模とユーザ数において右に出るものはない．当初は，地図情報のみを提供していたが，やがて道路が渋滞しているか否かを表す交通状況，各種施設や史跡，レストランなどの口コミ情報なども提供するようになり，位置情報に基づいた総合的な情報提供サービスを行っている．

また，これまで若い男性を中心に利用されていたWebやソーシャルメディアであったが，年齢と性別の壁を超えて幅広い人口層のユーザに利用されるようになった．その典型が，2010年に開始されたInstagram†1とPinterestである．共に写真の共有サービスであるが，おしゃれな画像やきれいな写真を共有できることから，開設当初から女性ユーザが多いサービスとなった[12]．また，インスタグラマーと呼ばれる，魅力的な写真コンテンツ（特に，ファッションやコスメなど）を投稿するトレンド（ファッション）リーダーも現れるようになった．マーケティングのツールとしても，強い影響力を持ち始めたのが2010年代前半だと言える．

2.1.5 ポストWeb2.0時代（2015〜2019年）

2010年代前半までのソーシャルメディアは，スマートフォンにより普及が促進されたと言えるが，それでもそのサービスの基盤はWebのプラットフォームにあった．すなわち，パソコンからWebブラウザを通じてアクセス可能なものであった．ソーシャルメディアのサービス事業者は，Webだけでなくスマートフォン用の投稿・閲覧アプリケーションを開発し提供してきたが，その目的はあくまでマルチプラットフォーム対応にあった．

しかし，2010年代後半に入ると，多くのインターネットサービスが，パソコンではなくスマートフォンを対象に提供されるようになった．すなわち，Webではなくスマートフォン専用アプリケーションとして実装されるようになったのである．その先駆けは，Instagramである．Instagram自体は，サービスが開

†1 Instagramは，全世界では男女比は半々であるが（2020年1月Statista調査），日本ではおよそ6割が女性である（2019年12月ソーシャルメディアラボ調査）．

始されたのは2010年と古いが，これまでWebからの投稿を許していない（他人の画像を閲覧したり，コメントしたりはできる）．また，アメリカで人気を博した，コンテンツに寿命を設けたソーシャルメディアであるSnapchatも，これまでWebからのアクセスを許していない．このように2010年代後半のITサービスは，スマートフォン専用のアプリケーションとして開発されたものが多く，またWebを介したアクセス手段を提供していないことも多い．

また，従来からWebのサービスやソーシャルメディアは，広告収入を主な収入源としたビジネスモデルに頼っている．メディアが広告媒体としてビジネス的に成功するには，多くのユーザに絶えず利用してもらう必要がある．2010年代前半までのソーシャルメディアは，多くのユーザに利用してもらうために，Web2.0の基本的な性質の1つである一般ユーザによるコンテンツの提供（3章で説明）に依存してきた．つまり，ユーザに対して自由な情報発信と，発信した内容に基づく他人とのコミュニケーションを行える環境を提供してきた．ここでは，情報の供給者と消費者の関係は双方向かつ対等であると言える．すなわち，ユーザは自らの体験や感想を他のユーザに向けて公開もするし，逆に他人のコンテンツも閲覧する．1人のユーザは情報（コンテンツ）の生産者でもあり，消費者でもある．つまり，2010年代前半までのソーシャルメディアは，ユーザが消費者としての力を増強するツールであったとも言える．

しかし，2010年代後半になると，ユーザの仕事やスキル，空き時間などの有効活用を支援するソーシャルメディアが登場した．例えば，2014年に開設されたタイムチケットや2017年に開設されたMOSHなどが挙げられる．これらは，ユーザが他のユーザに対してサービスを提供することを支援するように設計されている．これらのサービスでは，ポイントやチケット，ビットコインなどの形で，自分が提供したサービスの対価を受け取ったり，自分が利用したサービスの使用料金を支払ったりすることができる．これらはソーシャルメディアなので，アカウントの所有者は主に個人であるが，サービスそのものは彼らのプロ（あるいはセミプロ）としての活動を支援し，プロフィールのページにもその個人が提供できるサービスや価値を記載するようになっている．これらのサービスでは，サービスを提供することに専念するユーザもいるし，それらのサービスを享受するだけのユーザもいる．

また，動画は若い世代（特に未成年）に人気のあるコンテンツである．SNS

においても，画像やテキストを中心としたメディアだけでなく，動画を中心とするメディアも登場した．その代表が TikTok である．このサービスは，共有できる動画に 15 秒以内という制約をもたせることで，投稿に対する心理的ハードルを下げ，若者を中心に絶大な人気を得ている．多くの若者が気楽にたくさんの動画コンテンツを投稿するようになった．ただし，テキストや画像と異なり，映像を撮影するには，それなりの技術が必要である．スマートフォンのカメラを使うため，ハードウェアやソフトウェアに関する制約はほとんどなくなったが，どのようにコンテンツを撮影すると見栄えがするのかや，どのようなナレーションを入れると飽きられないか，どのようなテロップを入れると興味を惹くかなどのテクニックは簡単に習得できるものではない．そのため，主として投稿を楽しむ個人と，そのような個人が作成した動画を見て楽しむ個人とに二極化する傾向にある．すなわち，情報の提供と消費の双方向性が崩れてきているのが，2010 年代後半のソーシャルメディアの特徴である．

2.2 ソーシャルメディアとは

前節では，Web というプラットフォームにおいて，どのようなサービスが生まれてきたのかを時系列で振り返った．しかし振り返ってみると，これらのサービスは情報提供やコミュニケーションを目的にしているという点では共通しているものの，そのサービス上で流れる時間の速さや，交流する人々の範囲の大きさ，扱うデータのメディア（表現形式）の種類など，細かい点で異なることにも気付かされる．また，これまで，何となく「ソーシャルメディア」という言葉を使ってきたが，そもそもソーシャルメディアとはどのように定義されるものなのだろうか．本節では，ソーシャルメディアとは何かという定義づけを試みる．また，Web の社会性を広く捉えて，協調型 Web サービスの定義も行う．

2.2.1 コミュニケーション媒体の発展

人々は古来より，様々な媒体を用いて，他の人とコミュニケーション（意思疎通）をとってきた．有史以前では，顔の表情や，身振り手振り，そして音声（鳴き声のようなシンボルを伴わないもの）で，相手に意図を伝えていた．やがて，鳴き声が言葉になり，コミュニケーションで伝えることができる内容は，急速に多様になった．この頃までは，コミュニケーション媒体は自分自身の身体であった．そのため，人々はコミュニケーションを取るためには，相手に会う必要があった．つまり，同じ時間に同じ場所にいる必要があった．同じ時間を共有して行うコミュニケーションを**同期コミュニケーション**（または**同期型コミュニケーション**）と言う．

やがて，人は絵や文字を使うようになり，コミュニケーション媒体として紙が誕生した．紙は，現在は身の回りにあって当たり前のものであるが，これが誕生した古代エジプト文明では，最新の技術だったと思われる．紙の誕生により，人々は直接会わなくても，また同じ時間を共有しなくても，コミュニケーションを取ることができるようになった．相手と同じ時間を共有しなくても行えるコミュニケーションを**非同期コミュニケーション**（または**非同期型コミュニケーション**）と言う．やがて16世紀頃から各国で国家のインフラとして郵便制度が整備され始め，一般の人々でも地理的な制約を受けずに，非同期コミュニケーションができるようになった．産業革命以降（特に後期の第二次産業革命以降）は，電話や電報が発明され，離れた場所の人とも，手軽に同期コミュニケーションと非同期コミュニケーションを取ることができるようになった．

コンピュータが発明され，それを通信ネットワークでつないで使うようになると，電子的な文字ベースのコミュニケーションが行えるようになった．一般の人々もパソコンを使うようになると，パソコン通信（パソコンとホスト局のサーバとの間で公衆回線を通じてデータ通信を行うこと）によりコミュニケーションをとるようになった．この頃は主に，特定の個人間や狭いグループ内でコミュニケーションを行っていた．しかし，Webが発明されてからは，そのコミュニケーションの範囲が世界中の知らない人にまで及び，オンライン上のコミュニティで議論を行うことができるようになった．その発展形がソーシャルメディアであると言える．さらにソーシャルメディアでは，アイコンをクリックするだけで，反応を返したり感情を伝えたりすることができるようになった．すなわちソーシャルメディアは，これまでにない，より簡便なコミュニケーション手段であると言える．

このようにソーシャルメディアは，長い人類の歴史の中でのコミュニケーション媒体の変遷における最先端のメディアであると言える．ある時代で人類が生み出したコミュニケーション手段は，次の新しい時代になっても使われる傾向にある．どれだけ技術が進歩しても，我々はいまだに紙と鉛筆を使っているし，頻度は少なくなったとは言え郵便も利用している．また，デジタル化されたものの電話も使っている．現在のソーシャルメディアを支える技術は，いずれより新しい技術に置き換わるかもしれないが，そのコミュニケーションの本質は，この先も残り続けるものと思われる．

2.2.2 ソーシャルメディアの定義

人類のコミュニケーションの歴史を踏まえたところで，いよいよソーシャルメディアの定義を考えてみたい．本書ではソーシャルメディアを以下のように定義する．

【定義】

ソーシャルメディアとは，インターネットを用いて，個人間や個人と組織間，コミュニティ内の複数人の間において，文章や画像，動画などのコンテンツやプロフィールを共有し，またそれを介して，コミュニケーションを行うことができる媒体である．

上記の定義において，「本書では」と前置きしたことには理由がある．実は，本原稿を執筆している2020年9月現在においては，「ソーシャルメディア」という言葉自体は，まだあいまいなものである．また，2.1.5項でも述べたが，Webやスマートフォン上のサービス自体が進化を続けているため，将来この定義は変わるかもしれない．それでも，Web上の百科事典であるWikipedia[13]を始めとして，国語辞典のMerriam-Webster[14]，学術論文[15],[16]などで，その定義を試みている．また，これらの文献ではソーシャルメディアに共通する特徴をまとめようとしている．それらに共通している特徴をまとめると以下のようになる（図2.2参照）．

1. インターネット（Web）を用いた通信を行っていること
2. ユーザが作成した情報（コンテンツ）やプロフィールの共有を行っていること
3. コミュニティ（社会ネットワーク）を維持（構築）できること

また，いくつかの文献[15],[16]では，インターネット（Web）よりもさらに踏み込んで，Web2.0の特徴（3.2節にて説明）を持つサービスであるとして

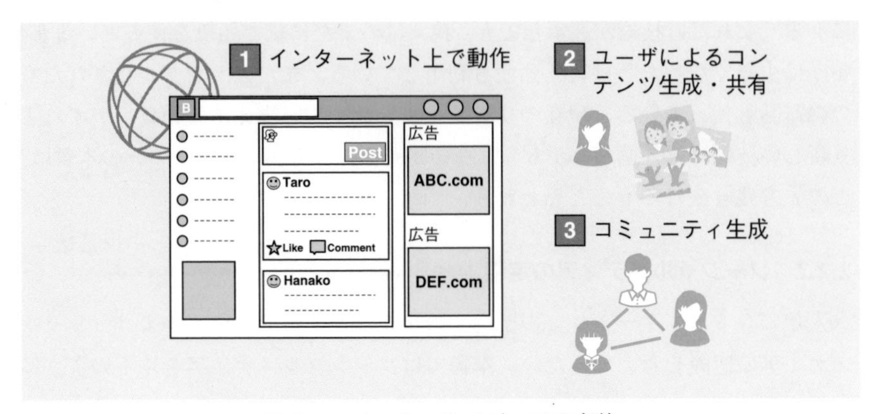

図 2.2　ソーシャルメディアの定義

いる．Web2.0 以前の Web では，多くのユーザは 1 人の読者に過ぎなかったが，Web2.0 のサービスではユーザ自身がコンテンツを生み出し，また消費している [17]．また，コンテンツを生成し消費する中で，ユーザは互いにコミュニケーションをとり，インタラクション（相互作用）を行う [16]．ただの物理的な通信媒体としてインターネットを用いているだけでなく，そこでの利用形態や実装形態も含んだ定義と言える．ただし，2.1.5 項で述べた通り，ユーザの情報（コンテンツ）の生産者としての役割と，消費者としての役割の双方向性は崩れつつあるため，ソーシャルメディアの定義に，Web2.0 の特徴を持ち込むと，そのコミュニケーションメディアとしての発展の本質を見失うことになりかねない．そのため本書では，Web2.0 の特徴をソーシャルメディアの定義に含めないことにした．

以降の節で説明するソーシャルメディアの種類によっては，上記の 3 点の特徴全てを併せ持っているとは限らない．特に，コミュニティの構築については，必ずしも明示的に登録できる機能を有しているとは限らない．また，プロフィールを設定することなく，アカウントを作成するサービスもある．しかし，インターネット（Web）上のサービスであること，何かの情報を共有すること，明示的／非明示的に共有相手やコミュニケーション相手を決定できることは，共通した特徴であると言える．

2.2.3　協調型 Web サービスの定義

ソーシャルメディアの特徴は前項で説明した通りであるが，ソーシャルメディアに見られる特徴のみに注目すると，Web が持つ社会性のごく一部にしか注目していないことになってしまう．今ある多くの Web 上のサービスでは，1 人のユーザだけではその利用が成り立たない．すなわち，今の Web 上のサービスは，多かれ少なかれ社会性を備えており，それが Web の持つ能力（ユーザに高品質なサービスを提供する力）を高めている．すなわち，厳密に定義されたソーシャルメディアについてのみ注目していると，Web の社会性が持つ可能性を過少に評価してしまう恐れがある．

例えば，ショッピングサイトで買い物をするとき，ある商品を閲覧中に「この商品を買った人は，こんな商品も買っています」と表示されたり，トップページに「あなたへのおすすめ」が表示されたりした経験のある方も多いであろう．このようにユーザに商品やコンテンツをお薦めすることを情報推薦やレコメンデーションと呼ぶ．「この商品を買った人は，こんな商品も買っています」と書いている通り，ユーザへのお薦めに他人の購買履歴を使っていることが分かる．「あなたへのおすすめ」についても，多くの場合，他人の購買履歴を参照して，お薦めする商品を決定している（4.2.5 項参照）．

また検索エンジンで，キーワード検索をしたときに，たいていはそのキーワードの内容に関して，一般的で多くの人に役立ちそうなページがリストで表示される．固有名詞で検索した場合には，その固有名詞に対応する Web サイト（企業の Web サイトやサービスの Web サイト）がトップに表示される．これも，多くの Web ページの作成者がどのようなページにリンクを張るのか，そのキーワードを入力した人が最終的にどのページを訪問するのかなど，他のユーザの行動履歴を用いてリストの順位を決めているからである（4.1.7 項参照）．

これらの例では，ユーザは必ずしも自らコンテンツを作成しているわけではない．また，明示的に誰かとつながったり，直接的にコミュニケーションを取ったりしているわけでもない．しかし，Web 上の行動から暗黙的に他のユーザとの協調的な作業を行い，その結果の恩恵にあずかっていると言える．すなわち人の社会性がサービスを支えていると言っても過言ではない．

そこで，本書では，広義の意味での Web の社会性に注目し，人の持つ社会性を何らかの形で利用しているサービスを協調型 Web サービスと定義する．すなわち，協調型 Web サービスの定義は以下のようになる．

【定義】

協調型 Web サービスとは，インターネット上で複数のユーザ同士が，明示的または非明示的に，また能動的にまたは受動的に協調しあうことで，ユーザ全体に高い付加価値を提供するサービスである．

ソーシャルメディアよりも広い意味を含んでいることが分かる．ユーザの行動をコンテンツや情報の共有とそれを介したコミュニケーションに限定するのではなく，ユーザが意識している／していないに関わらず Web 上の全ての行動を含む．例えば，自分の Web ページでリンクを張ったり，ショッピングサイトで商品を購入したりするなどの行動である．協調型 Web サービスは，このような行動とそれに紐(ひも)づくあらゆる情報を活用する．例えば，リンク先の Web ページのテキストや，自分が購入した商品の紹介文などである．人々が独立して行った行動であっても，それらを暗黙的に協調させ，より付加価値の高いサービスを提供している点が，ソーシャルメディアの定義と異なっている．

2.3 ソーシャルメディア・協調型 Web サービスの分類

本節では，ソーシャルメディアとその上位概念である協調型 Web サービスを，さらに細かく分類する．なお，この分類においては，どの分類のサービスがソーシャルメディアに属し，どの分類のサービスがソーシャルメディアに属さないのかという明確な区別は避ける．それぞれのサービスでコンテンツとは何か，コミュニティとは何か，コミュニケーションとは何かという点において，狭く解釈することも，広く解釈することもできるからである．広く Web の社会性に注目した，現在の Web サービスの分類であると捉えていただきたい．

2.3.1 検索エンジン

検索エンジンは，ユーザが入力したキーワードを含む Web ページを検索結果として返してくれるサービスである．事実上，Google が市場を独占している．通常，検索結果には，Web ページのタイトルやスニペット（検索キーワードに関連する重要部分を抜粋したもの）が重要度順に（ランキングの形式で）並べられている．ユーザは検索エンジンを通常 1 人で使うため，これのどこが協調的なのかと疑問に思うかもしれないが，現在の検索エンジンはランキングに多くのユーザの行動記録を用いている（詳細は 4.1.7 項で説明）．現在，世界中の Web ページは数えきれないほど存在し，他ユーザの協調的な処理なしには，適切なランキングを提供することは，ほぼ不可能である．

2.3.2 電子掲示板

電子掲示板とは，誰もが自由にメッセージを書き込むことができる伝言板をネットワーク上で実現したものである．英語では，BBS（Bulletin Board System）と呼ぶ．書き込んだメッセージは，誰でも読むことができ，それに対してコメントを書くこともできる．電子掲示板は，個人でも簡単に立ち上げることができたため（CGI（Common Gateway Interface）と Perl などのスクリプト言語で実装されることが多かった），個人の Web ページにおける，読者とのインタラクション用に設置されることが多かった．

特定の個人の Web ページだけでなく，一般向けの電子掲示板も提供された．特に規模の大きい電子掲示板としては，日本では 2 ちゃんねる（現，5 ちゃんねる），英語圏では reddit が有名である．これらの電子掲示板では，様々なトピックに対する板（スレッド）を提供することで，多くのユーザに利用されている．このような一般向けの電子掲示板は，匿名で行われることが多く，発言内容も自由であることが特徴である．そのため，参加者同士による論争や喧嘩（けんか）（一般に「**炎上**」と呼ばれる）が起きたり，一方的な批判が起きたりする問題もある [18]．

2.3.3 口コミサイト（レビュー投稿サイト）

電子掲示板は，自由な意見交換の場として多くのユーザに利用されているが，特定のドメイン，特に商品やサービスに限定し，それらに対する意見や感想を述べる場として人気を得た Web サイトがある．いわゆる**口コミサイト**（**レビュー投稿サイト**）である．日本ではパソコンや電化製品をはじめとする多くの製品の口コミを扱った価格.com や飲食店の口コミを扱った食べログが有名である．また，海外ではホテルや観光地の口コミを扱った TripAdvisor や飲食店の口コミを扱った Yelp が有名である．ショッピングサイトに 1 つの機能として組み込まれていることも多い（楽天や Amazon.com など）．

電子掲示板ではユーザは好きな内容のメッセージを投稿するが（もちろん板（スレッド）のトピックに合わせる必要はある），口コミサイトではユーザは商品のレビュー記事（口コミ）を投稿する．口コミサイトでは商品のページがあらかじめ用意されており，ユーザはそのページ上でその商品に対する口コミを投稿するようになっている．書き込まれた口コミに対して，他のユーザが意見や感想を書くことができるようになっているシステムもある．また，多くの場合「参考になった」というボタンが配置されており，それをクリックすることで，投稿者にフィードバックを送ることができる．

多くのユーザの口コミを見ることができるため，人の購買行動を根本的に変えたとも言われている[19]．また，企業の商品開発部門やマーケティング部門でも，商品開発や販売戦略の立案のために参考にすることが多い．特に，ホテルの口コミサイトで見られるが，企業にとって口コミサイトは，顧客と対話して顧客ロイヤリティを高めるための実践の場にもなっている．このような対話によるマーケティングは，企業とそれを取り巻く関係者（ステークホルダー）とのインタラクションを重視する関係性マーケティング（relationship marketing）[20]の一手法として重要視されている[21]．

2.3.4 ブログ

ユーザの個人的な体験や日記，ニュース記事に対する感想，個人的に興味のある専門的な内容などの情報を，時系列で記録することができる Web サイトを**ブログ**と呼ぶ．当初は，「Web に Log する」の意味からウェブログ（weblog）と呼ばれていたが，すぐにブログ（blog）という略称を使うことが一般的になった．特にアメリカでは，ジャーナリズム的な発信や政治利用が活発化したため，社会に初めて大きな影響を与えたインターネットメディアであるとも言える[22]．また，ブログ記事にはコメントを付けることができるようになっており，著者が投稿した記事を話題にして，著者と読者の間で（ときに読者間で）コミュニケーションを取ることができることも大きな特徴である．

ブログは，タレントや政治家などの有名人が積極的に利用したこともあり，多くのユーザに使われるようになった．一般ユーザに広く使われるようになった理由は，ブログが**コンテンツ管理システム**（**CMS**：Content Management

System）により提供されていたことにあると筆者は考えている．コンテンツ管理システムとは，ユーザはテキストや画像などのコンテンツ本体を用意するだけで，Web ページの構築や管理をコンピュータに任せることができるシステムである．Web 上の GUI（グラフィカルユーザインタフェース）で記事本文や写真などのコンテンツを入力するだけで，誰でも簡単にデザイン性に優れた Web ページを公開できるようになった．このことが一般の人々への情報公開のハードルを下げ，多くのユーザの意見やコンテンツが Web に載るようになった．これにより Web が社会を映す鏡としての役割を担い始めたと言える．

2.3.5 共同編集型百科事典

共同編集型百科事典とは，インターネット上の百科事典で，誰もが無料で自由に編集に参加できるものである．実際のサービスとしては，Wikipedia が事実上唯一無二の存在と言える．Wikipedia は wiki と呼ばれる Web ページの共同編集システムにより実装されており，ユーザは Web ブラウザを利用して Web サーバ上のハイパーテキスト文書を編集することができる．これにより複数のユーザが共同で 1 つの記事を編集できる．

計算機科学における Web の革新は，コンピュータに初めて知識を持たせることができた点にあると述べたが，特に Wikipedia は人工知能を実装する際に必要な外部知識として最もよく使われるものである．Wikipedia は，その記載内容の粒度や記事の章立て，自然言語による記法が統一されていて，コンピュータが知識として扱いやすいからである．また，共同編集による自浄作用により，Wikipedia は代表的な（紙の）百科事典であるブリタニカ百科事典と同じぐらい正確であるという報告もあり [23]，情報源としても信頼できる．

2.3.6 ソーシャルブックマーキングサービス

ソーシャルブックマーキングサービスとは，自分のブックマークをインターネット上に公開し，不特定多数のユーザと共有することができるサービスのことである．日本では，はてなブックマーク，海外では，del.icio.us（現在名 Delicious）が有名である．ユーザは Web 上の気に入ったページをブックマークに登録し，それを公開することができる．また，その際**タグ**と呼ばれる分類用の語句を付与することができ，他のユーザはこのタグを使って，興味のあるページを探すことができる．Web ブラウザにもブックマークは備わっていたが，それは自分の情報アクセス用に気に入った Web ページをフォルダやカテゴリに分類分けするものであった．しかし，タグは1つのページに対して複数人が異なるものを付与することができるため，人々の多様な視点を反映させることができる．利用者が付与したタグを手がかりに情報やコンテンツを探すことができるようにした分類方法は，**フォークソノミー**（folksonomy），または**ソーシャルタギング**（social tagging）と呼ばれる．

従来の**分類学**（taxonomy）では個々の事象（コンテンツ）を一般化してタグを付与するのが普通であるが，ソーシャルブックマーキングサービスでのタグには，「ネタ」や「あとで読む」と言った個人に意味や役割が依存するものや，「Suica」とか「iPhone」のような固有名詞が付与されることもある．若いユーザの価値観が反映されているため，現代人の感覚に近い検索ができる利点がある．このようなタグの付け方は，現在のソーシャルメディアにも反映されている．多くのソーシャルメディアに備わっているハッシュタグは，ある特定のキーワードで趣味・関心の似たユーザを集めるのに利用されたり，ニッチな（あるいは専門性の高い）コンテンツをそれに興味のあるユーザに見てもらうために利用されたりしている．

2.3.7 画像・動画共有サービス

画像や動画などのコンテンツを複数のユーザの間で共有し，それらコンテンツを介してコミュニケーションを取ることができるサービスも数多く存在する．これらは，**画像（写真）共有サービス**や，**動画共有サービス**と呼ばれている．写真などの画像を共有するサービスとしては，Google Photo やフォト蔵（日本）などが有名である．中でもその先駆けとなるサービスとして Flickr がある．Flickr では，自分の撮った写真を見知らぬ人と共有することができ，また誰かがアップロードした写真には誰でも自由にタグを付与することができる．タグを通して他のユーザとコミュニティを形成したり，タグをたどるうちに面白い写真に出会ったりする点が，このサービスの魅力である．

また，近年では自分の趣味や関心のあるテーマで美しい写真やおしゃれな画像をコレクションし，それを他のユーザと共有することができる Pinterest というサービスが人気を得ている．前述のサービスとは異なり，自分で撮影した写真を共有するというよりも，すでに Web 上に存在している自分の気に入った写真や画像を共有するときに利用される．あるテーマに沿った既存のコンテンツを共有するという意味では，キュレーションメディアに近い．このサービスは女性を中心に利用され，単に美しい画像を楽しむだけではなく，ファッションや DIY におけるアイディアツールとしても活用されている．

一方，動画を共有できるサービスでは，Youtube が有名である．特に欧米では，圧倒的なシェアを誇っている（2019 年 7 月現在）．日本ではニコニコ動画も人気がある．中国ではヨウク（優酷網（Youku））とビリビリ動画（哔哩哔哩动画（bilibili））が有名である．いずれのサービスにおいても，誰もが自分の作成した映像コンテンツを，世界中の人々に公開することができる（ただし，ニコニコ動画では会員登録が必要である）．また，視聴者は動画に対してコメントを書くことができる．Youtube やヨウクでコメントを付与できる単位は，動画コンテンツになっているが，ニコニコ動画とビリビリ動画では再生している動画中の特定の時間（以降，動画時間）に対して，コメントを付与できるようになっている．動画再生中に指定された時間（動画内での再生時刻）が来ると，このコメントが動画内で表示される．単に，投稿された動画だけを楽しむのではなく，他の視聴者が付与したコメントも楽しめる点が，ニコニコ動画とビリビリ動画の特徴である．

また，最近では共有できる動画の長さに制限を設けた**短編動画共有サイト**も開設されている．代表的なサービスとして TikTok が挙げられる．このサービスでは，共有される動画の長さに制限（15～60 秒）を設け，動画投稿のハードルを下げることで，多くの若者に利用されている．1 つの動画の視聴にかかる時間が少なくて済むので，動画を閲覧するユーザも次から次へと気軽に動画を閲覧できる．また，「チャレンジ」と呼ばれる特定のテーマに基づいたハッシュタグを付けて動画を投稿する文化が存在し，チャレンジのテーマに合わせた動画がたくさん投稿されている．サービス運営側も定期的にチャレンジを呼びかけており，継続的に新しいテーマの投稿が行われている．若者を中心に，自分が主人公となり短編でテーマ性を持った動画を投稿するという新しい文化が生まれつつある．

2.3.8 SNS

SNSとは

SNSとは，人と人との社会的なつながりを維持・促進するための様々な機能を持ち，かつそこでのつながりを第三者からも閲覧可能としたサービスを指す．また，ユーザは他のユーザに見てもらうために情報やコンテンツを投稿することができる．**SNS**という言葉は，**ソーシャルネットワーキングサービス**（social networking service），または**ソーシャルネットワークサービス**（social network service）を略したものである．日本では，前者で呼ばれることが多いが，欧米では後者で呼ばれることが多い．

代表的なサービスとしては，Facebook, LinkedIn, Instagramがある．Twitterも，SNSと分類されることが多いが，SNSというよりもマイクロブログという別のタイプに分類されることも多い（詳細は2.3.9項参照）．これまでに存在（流行）したサービスとしては，FriendsterやMySpace，So.cl，Google+がある．また，国内ではmixiがある．これらのSNSでは，ユーザは他のユーザの投稿に対してフィードバックを返すことができる．多くの場合，投稿記事の横に「**いいね！**」と呼ばれるボタン（サムズアップ（Thumbs up）という親指を立てるジェスチャのアイコンであったり，ハートマークで表されていたり，"Like"という名前のボタンであったりする）が配置されており，それをクリックすることで投稿者にその投稿へのポジティブな気持ちを伝えることができる．また，もっと具体的な内容を伝えたい場合は，コメントを付与することもできる．

さらに，他の多くのユーザに投稿記事の内容を知ってもらいたい場合は，**シェア**することで自分の友人にも見せることができる．つながりは第三者からも閲覧することができると書いたが，サービス上で自分とつながっていないユーザには自分の友人リストを見えなくしたり，投稿コンテンツを自分とつながっているユーザ（サービス上の友達）までとか，さらにその先につながっているユーザ（サービス上の友達の友達）までしか見えないようにしたりすることもできる．しかし，基本的には自分の友人や自分の投稿コンテンツを，つながっていないユーザにも公開できることが，SNSの前提になると筆者は考えている．

SNS の定義

SNS とは何かという定義を，これまで何人かの研究者が試みてきた．例えば，ボイド（danah m. boyd）は，

1. 公開型のプロフィールを作成できる
2. コネクション（友人リスト）を作成できる
3. 他人と友人リストをお互いに見せ合うことができる

という 3 点を，SNS の条件としている[24]．やはり，この定義においても，プロフィールや友人リストの公開を前提としており，完全にクローズドなサービスは想定していない．LINE を SNS と見なす人も多いが，サービスの基本としては，クローズドなコミュニケーションツールの範囲を出ていないと考えている．一般的には，LINE や WhatsApp Messenger は，個人間やクローズドなグループのコミュニケーションを目的とする**インスタントメッセンジャー**（Instant Messenger）と呼ばれるサービスに属する．LINE の機能に「ホーム」（自分の近況や伝えたいことを共有（投稿）できる機能）があるが，ここで公開範囲をユーザ全体にすれば，SNS に近い使い方ができる．しかし，そのような使い方をしているユーザは，今のところ限られているようである．

SNS という言葉とソーシャルメディアという言葉は，ときに混同して用いられる．しかし，SNS よりもソーシャルメディアの方が広い概念を持つと言える．SNS は，代表的なソーシャルメディアであると言えるが，SNS とは言えないサービスでもソーシャルメディアには含めることができるものは多い．では，SNS はどのような点で，より限定的なのであろうか．一言で述べると，SNS ではコミュニティの構築と維持が最も重要な目的になるという点にある．そのため，システム上でコミュニティ（ユーザ同士の友達関係）がより明示的に表示される．すなわち，自分の友達が誰かを明示的に登録する必要がある．この方法には，相手の承認が必要な「**友人登録**」と呼ばれる方法と，相手の承認を必要としない「**フォロー**」と呼ばれる方法の 2 種類が存在する．本書では前者の方法を採用する SNS を**相互承認型 SNS** と，後者の方法を採用する SNS を**フォロー型 SNS** と呼ぶ．後者の場合は，フォローする相手は，実世界の友達だけではなく，相手の発言内容に興味を持った知らないユーザを含むこともある．口コミサイトでは，ユーザ同士を緩くつなぐ機能は備わっているが（例えば評価対象の商品を介してユーザ探索できるなど），つながりが明示的でないことが多い．

また，SNSのもう1つの条件としては，投稿された情報やコンテンツの作者が誰であるかが明示されることが挙げられる．具体的には，SNSではユーザはつぶやきや画像などを投稿するが，その提示方法においては，誰が発信したかということがプロフィール画像やスクリーンネームにより前面に強調される．口コミサイトでは，レビュー対象の商品が前面に提示されるが，誰がレビューしたのかについては，トップページなどで前面には出てこない（コメントの横に，ユーザIDやユーザ名は表示されるが，強調して表示されることはない）．これらの点より，口コミサイトはソーシャルメディアの1つと言うことはできるが，SNSと呼ぶことはできない．

代表的なSNS

代表的なSNSには，Facebook，LinkedIn，Instagramの3つがあると述べたが，簡単にこれらの特徴を述べておきたい．以下では利用者数も示しているが，これらのデータはStatista社の2020年2月時点のデータ[†2]とソーシャルメディアラボ社の2019年12月時点の記事[†3]を参考にしている．

Facebookは，2020年現在，最も巨大なSNSサイトである．月間アクティブユーザ数（MAU：Monthly Active Users）は，25億人に及ぶ．相互承認型のSNSで，一般には画像と文章の両方を用いて投稿が行われる．日本国内の月間アクティブユーザ数は2,600万人である．また日本では，利用するユーザの年齢層はやや高めで40〜50代の男女を中心に広く使われている．LinkedInは，世界最大級のビジネス特化型のSNSである．登録ユーザ数は6億1,000万人で，月間アクティブユーザ数は，1億600万人である．ビジネス利用のため，Facebookに比べるとユーザ数は少ない．日本国内では，Facebookをビジネス利用しているユーザが多いため，海外に比べると積極的には使われておらず，登録ユーザ数は300万人程度と，多くはない．

Instagramは，近年最もユーザ数を伸ばしてきたSNSで，若い女性を中心に人気を得ている（ただし，年齢層は徐々に上がってきている）．月間アクティブユーザ数は，海外で10億人，日本国内で3,300万人である．承認を必要としないフォロー型SNSで，投稿は自分で撮影した写真がメインである（文章を付け

[†2] https://www.statista.com/

[†3] https://gaiax-socialmedialab.jp/post-30833/

ることもできるが付けていない人も多い)．最近では，より気軽に投稿可能な**ストーリーズ**（stories）と呼ばれる機能が人気である．ストーリーズには，写真やテキストメッセージ，動画などを投稿できるが，24 時間で消えてしまう．また，動画は 15 秒の長さに限定されている（実際には 15 秒以上の動画の投稿も可能であるが，15 秒ごとに分割されて投稿される)．投稿に長さの制限や寿命があるため，時間をかけて撮影したり編集したりした投稿は行われない．このような肩ひじ張らない投稿が，若者に受けていると言える．

2.3.9 マイクロブログ

マイクロブログとは，短い記事の発信を想定した情報共有サービスのことである．代表的なサービスには，Twitter と Tumblr がある．中国では Weibo（微博）が有名である．これらのサービスでは，ユーザ（読者）は自分が購読（常時閲覧）したいユーザ（情報発信者）をフォローすることにより，そのユーザの発信する情報を閲覧する．また，どのユーザも自由に情報を発信することができ，情報発信者になれる．ユーザは，通常**タイムライン**と呼ばれる時系列に並べられた投稿閲覧画面（近年は，人気のある投稿を優先的に見ることができるようにもなっている）で，フォローしているユーザの投稿を閲覧する．また，キーワードやハッシュタグでの検索により，興味のある投稿を探し出し，閲覧することができる．また，一部のサービスでは，投稿できるコンテンツのサイズに制限を設けている．例えば，Twitter では 1 投稿当たりの文字数は，280 文字以内（英文）または 140 字以内（日本語）に限るという制限がある．非常に短い文字数であるため，投稿コンテンツは「つぶやき」(Twitter では，「ツイート」）とも言われる．

自分の実世界での友人関係を明示的に登録することもできるが，その登録は一方向（フォロー）になる．SNS のように，互いに情報閲覧できるようにするためには（タイムラインに表示させるようにするには)，互いに相手のことをフォローしておく必要がある（「相互フォロー」と呼ばれる)．SNS の一種と見られることもあるが，人と人との社会的なつながりを維持・促進するよりは，情報発信や情報獲得のツールとして用いられることも多く（6.1.2 項参照)，SNS とは分けて捉えられることが多い．一方，多くの SNS と同様に「いいね！」やコメント（Twitter ではリプライやメンションと呼ばれる)，シェア（Twitter

ではリツイートと呼ばれる）と言ったコミュニケーション機能も備えており，サービスの使われ方は人によって大きく異なる．

マイクロブログでは，多くの SNS と同様に，友達（フォローしているユーザ）の投稿をタイムラインで閲覧することができる．しかし，他の SNS よりは投稿がタイムラインで流れていく速度（流速）が速く，リアルタイム性が高いと言える．流速が速いため，ユーザは自分の投稿を友人が必ず見ているとは期待していない．そのため，投稿する側もそれを閲覧する側も気軽に使えると言う特徴がある．流速が速いのは，全体の投稿数が多いからである．数多くの投稿が行われているため，ユーザは現実世界で見たり経験したりした些細（ささい）な出来事も，気軽にマイクロブログに投稿する．そのため，実世界とのつながりが強いメディアであるとも言える．

SNS とマイクロブログは，社会科学の研究対象になることが多いが，比較するとマイクロブログ（特に Twitter）の方が研究用のデータとしてよく用いられている．その理由は 2 つある．1 つは前述した通り，多くのユーザが実世界で見たり経験したりしたことをその場で記録して投稿するため，投稿データが社会の出来事を反映したものになっているからである．もう 1 つは，Twitter に備わる豊富な API（アプリケーションプログラミングインタフェース）にある．自分で実装したプログラムから，Twitter に投稿されたメッセージや Twitter 上のユーザの情報などを，自動で収集することができる．これにより，大規模な調査を行うことができるようになり，社会科学系の研究に大きな変革をもたらしつつある．

2.3.10 キュレーションメディア

キュレーションメディアとは，Web 上のコンテンツを特定の観点から収集し，それをまとめて公開するメディアのことである．キュレーションサイトと呼ばれることも多い．キュレーションメディアに掲載されている情報やコンテンツのほとんどは，どこかのメディアで既出のものである．それを特定の観点からつなぎ合わせ，補足説明やそれに対する評価を付与することで，新しい価値を生み出す．具体的なサービスとしては，特定のキーワードを基に自動でコンテンツを収集するメディア（例えば，NAVER まとめ（2020 年 9 月に運営終了）や Togetter など）や，人手で様々な情報を収集し自分の言葉でまとめ直したもの（All About など），ニュース記事を自動または手動で収集しカテゴリ分けしたもの（Yahoo!ニュースや Gunosy など），ファッションや健康・美容などの特定のドメインに関する情報を自動または手動で集めたもの（MERY や TRILL，@cosme，旧 WELQ（2016 年 12 月に運営終了）など）がある．

キュレーションメディアは，既存のコンテンツを再利用して Web ページを作成してきたため，これまでいくつかの問題や事件も引き起こしてきた．2016 年 11 月に医療・健康系キュレーションメディアであった WELQ がその代表である．WELQ では，参照した記事の質や信頼性が低かったり，出展を明記しない引用（すなわち剽窃）があったり，極端な **SEO 対策**（**検索エンジン最適化**（Search Engine Optimization）の略称．検索エンジンで検索をしたときに上位に表示させる方法）を行ったり（あるいは行わせたり）という問題が指摘された．健康という人間にとって最も重要な問題を扱っていたために，大きな社会問題になった．WELQ が問題サイトとして大きく採り上げられたが，これに近いことは他のキュレーションメディアでも多かれ少なかれ行われていた．近年は，この事件をきっかけに，その質の管理が徹底され，オリジナルのコンテンツを提供するようになったメディア（MERY など）も多い．

2.3.11　レコメンデーションサービス

レコメンデーションとは，多くのショッピングサイトやコンテンツ提供サイトで，画面の右端などに表示される「あなたへのおすすめ」のことである．「あなたへのおすすめ」には，自分が興味のあるジャンルの商品やコンテンツが提示されていることが分かる．これらのおすすめは，そのユーザの過去の行動から推定して，提示されていることが多い．すなわちレコメンデーションとは，対象ユーザの過去の閲覧履歴や購買履歴から，そのユーザが好む商品や情報を推薦する機能を指す．日本では，情報推薦とも呼ばれる．この機能を実現するシステムを**推薦システム**（recommender system）と呼ぶ．

本章では，レコメンデーションをサービスの一種として紹介することにしたが，実際にはレコメンデーションだけを行っているサービスというものは，ほとんど存在しない．上でも書いたが，ショッピングサイトやコンテンツ提供サイトにおいて，付加的な機能（サービス）として提供されている場合がほとんどである．しかし逆に言えば，現在の商用サイトのほとんどにレコメンデーションの機能が備わっていると言える．いかにしてユーザに訪問・購買する機会を増やすか，いかにして「ついで買い」をさせるかなど，その企業の収益に直結するだけのインパクトを持ち，不可欠のマーケティングツールとなっている．

レコメンデーションのどこが協調型 Web サービスなのか疑問に思うかもしれないが，その答えはその推薦メカニズムにある．現在のレコメンデーションは，そのほとんどが**協調フィルタリング**[25]と呼ばれる手法で実現されている．協調フィルタリングは，ユーザに商品や情報を推薦する際に，それらの内容は考慮しない．代わりに，他のユーザがどのアイテムを閲覧（購買）したのかや，高く評価したのかを考慮する．自分と同じアイテムを閲覧していたり，高く評価していたりするユーザは，必ず他に存在するものである．そのようなユーザが高く評価しているアイテムで，自分がまだ閲覧していないものを推薦する．他のユーザの閲覧履歴や購買履歴を使っている点で，協調的なサービスと見ることができる．

演習問題

問題 1　Web とはどういうシステムかを，「インターネットプロトコル」と「ハイパーテキスト」という言葉を用い，それらの意味にも触れつつ説明せよ．

問題 2　スマートフォンは，Web やソーシャルメディアへの投稿に，どのような変化をもたらしたのかについて述べよ．

問題 3　ソーシャルメディアのサービスに共通する特徴を 3 つ挙げよ．

問題 4　ソーシャルメディアと協調型 Web サービスの違いを説明せよ．

問題 5　分類学（taxonomy）とフォークソノミー（folksonomy）の違いを説明せよ．

問題 6　SNS が他のソーシャルメディアのサービスと異なる点について説明せよ．

問題 7　キュレーションメディアとは何か，またそれが引き起こした問題について述べよ．

第3章

集合知とWeb2.0

現在のソーシャルメディアの多くは，サービス提供者がコンテンツを提供するものではない．コンテンツは，サービスを利用するユーザにより提供される．このようなエンドユーザによる情報提供を基にしたサービスは，ソーシャルメディアという言葉が誕生する少し前から見られるようになった．これらのサービスはWeb2.0と呼ばれ，2000年代中頃に革新的なサービスとして注目を集めた．新聞や雑誌，テレビなどの従来メディアでは，報道機関や専門家が情報を提供していた．そして，一般の人々はそれらの信頼できる（と思われている）情報を基に，勉強や仕事を行い，また生活をしていた．しかし，現在の人々は，Webやソーシャルメディアにおける一般ユーザの投稿を基に，買い物や仕事などの様々な意思決定をしている．よく知っている友人が提供した情報ならよいが，顔も名前も知らない多数のユーザから提供された情報を基に意思決定するのは，かなりリスクのある行為のようにも思える．しかし，現在のWeb上のサービスには，このように名前も身元も分からない不特定多数のユーザが共有した情報を利用し，高度なサービスを提供したものが多く存在する（例えば，共同編集型百科事典や検索エンジンのランキングなど）．このように信頼性が完全に担保されない情報ですらサービスに利用しようとするのには，何か理由があるのであろうか．本章では，それを解き明かす1つのキーワードとして「集合知」という概念を採り上げる．初めに，集合知とは何かを説明した後，その集合知に基づくサービスの形態を指すWeb2.0という概念について説明する．

3.1 集 合 知

本節では，人が専門家や知識人でもない人の情報を，意思決定に利用しようとする行為の理由について推察する．その理由を考えるにあたり，集合知という概念が解決の糸口になるかもしれない．最初に，集合知とは何かについて説明した後，集合知が成り立つための条件を紹介する．

3.1.1 Webと意思決定

現在のWeb上のサービスには，個々のユーザに情報（コンテンツ）を提供してもらっているものが多い．例えば，大規模掲示板やブログを運営している企業は，ユーザに情報公開をしてもらうためのプラットフォームを提供している．しかし，彼ら自身がユーザに情報やコンテンツを作成し提供することはない．サービスが価値を持つためには，多くのユーザに記事やメッセージを書き込んでもらう必要がある．また，共有ブックマークサービスやキュレーションメディアでは，ユーザにコンテンツを共有してもらうためのプラットフォームを提供している．ここでもユーザにそれぞれが見付けてきた面白い情報源を登録してもらわないと，サービスとしての価値は生まれない．また，現在のWeb上のサービスには，たくさんのユーザの行動を解析し，その結果を利用してユーザに情報を提供しているものも多い．例えば，検索エンジンや推薦システムは，多くのユーザの閲覧履歴や購買履歴を用いて，検索キーワードに合った質の高いWebページを提示したり，ユーザの嗜好（しこう）に合った商品を提示したりしてくれる．

Webの出現以前は，サービス（メディア）で提供する情報やコンテンツは，その分野の権威となる人（ジャーナリストやプロの小説家や作曲者など）により提供されていた．情報を公開するためのメディアの掲載スペースや発行頻度に制約があったため，そこに掲載される情報は自ずと信頼性の高いものに限られていた．しかし，現在のソーシャルメディアやWebのサービスで情報提供している人たちは，そのような権威者ばかりではない．大半は，その分野に興味は持っていても，十分な知識を持っているとは言えない一般の人々である．それでも我々は，そのような人々が投稿した情報やコンテンツを基に，買い物や仕事などの意思決定を行っている．事実，多くの人々の行動履歴を用いてサービスを提供している検索エンジンや推薦システムが出力する結果は，それほど的外れではない．また，共同編集型百科事典である Wikipedia の各記事の内容も，明らかな間違いは少なく，簡潔に説明されている．

このように多くのサービスにおいて，不完全であっても人から多くの情報を集めたり，信頼性が完全に担保されない情報からでもまとめや要約を提供したりしようとするのには，何か理由があるのであろうか．この疑問に答える考え方の 1 つに集合知がある．以降の節では，この集合知の概念について説明する．

3.1.2 集合知とは

近年の Web とソーシャルメディアの発展により，**集合知**という言葉が注目を集めている．日本では，集合知という 1 つの言葉で語られることが多いが，英語圏の国では，“wisdom of crowds” と “collective intelligence” に分けて捉えられている（図 3.1 参照）．

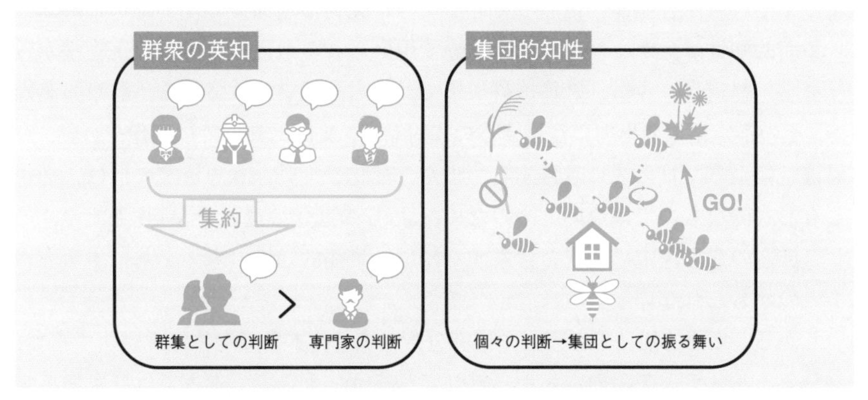

図 3.1 群集の英知（wisdom of crowds）と集団的知性（collective intelligence）の違い

前者の言葉は，スロウィッキー（James Surowiecki）が書いた書籍 [26] のタイトルにもなっているが，この本で書かれている概念が “wisdom of crowds”（「群衆の英知（叡智）」，または「群集の知恵」）と呼ばれている．本書では，「群衆の英知」と呼ぶことにする．これは多くの群衆（一般人）の判断を集約したものは，1 人の専門家（または専門家集団）の判断よりも，ときに正確な場合があるという現象を意味する．詳しくは，次項で説明する．

後者の言葉は，日本語では「**集団的知性**」とも呼ばれる．これは，細菌や昆虫，動物，人間などにおいて，様々な個体が集まり，集団となったときに発生する進化や行動，意思決定が，ときに優れたもの（興味深いもの）であることを指す．別の言い方をすると，集団の中の個人（個体）が競争や協力の文脈の中で独立に行動していると，その集団を大局的に観察したときに興味深い行動や特徴が表れ，その集団自体に知能や精神が宿っているように見える現象を指す．

例えば昆虫のハチのコロニー（巣）は，1匹の女王バチと多数の働きバチで構成されている．女王バチが権力を振るって，働きバチに直接命令をしているわけではないが，働きバチたちはそれぞれ餌を求めて外を飛び回ってくれる．実際には，働きバチたちはある単純な規則（見付けた餌の量によってダンスの大きさが変わる）に従って，独立に行動しているが，個々の働きバチにも個性があることで，コロニー全体としては効率的に餌を収集できるようになる．このように，集団全体に意志や目的があるわけではないが，その全体の動きを見ると，まるでそれらが各個体に備わっているように見える現象を集団的知性と呼ぶ．

集団的知性は，かなり広い研究分野で用いられる考え方である．生物学から社会学，経済学，数学，計算機科学まで，幅広く用いられている．群衆の英知が，その推定結果の出力に注目するのに対して，集団的知性では進化や行動，意思決定に至るプロセスに着目する．また，進化や行動，意思決定の形は，必ずしも形式的なものではない．そのため，Web の進化の過程や Web 上でのユーザ（群）の意思決定の過程を考察するには，集団的知性の考えを基にする方がよいのかもしれない．

しかし，集団的知性の考え方や研究分野は広く，本書で全体像を説明すると，ソーシャルメディア論の本筋から外れてしまう．そこで，本書では群衆の英知についてのみ説明し，集団的知性については，群衆の英知を含む広い概念であるという理解に留めておいてもらいたい．

3.1.3 群衆の英知とは

群衆の英知とは，ある種の意思決定や推定を行うのに，多くの群衆（一般人）の判断を集約したものは，1人の専門家（または専門家集団）の判断よりも，ときとして正確であるという現象を表す．この現象が当てはまりやすい判断には，明示的に用意されたオプションやカテゴリから最適（最善）なものを選ぶものや，ある事物に対する値の推定が挙げられる．ここでは，スロウィッキーの著書中の事例に基づき，この考え方について説明することにする．

最初の例は，1906年に統計学者ゴールトン（Francis Galton）が行った雄牛の重量を予測するという実験である．この実験では，家畜見本市に出された雄牛の重量を群集（一般の人々）が予測するというものであった．ある雄牛に対して，群衆800人が予測した重量の平均は1,197ポンドであった．そして，その雄牛の実際の重量は1,198ポンドで，群集は雄牛の重量を非常に正確に予測することができた．実験に参加した人の，家畜に対する知識は様々であったはずであるが，それでもそのような多様な人々が集まり予測を行えば，正確な予測を行えることを示した一例と言える．

もう1つの例は，選挙結果を予測し実際の当選者を正しく予測できていれば賞金をもらえるという予測市場である．予測市場の参加者は，選挙の候補者に当選／落選の予測を行い，当選しそうな候補者に賭けを行う．もし，その候補者が当選すれば賞金が手に入るが，落選すれば全くお金はもらえない．アイオワ大学ビジネスカレッジが行っているIEMという研究プロジェクトでは，このような予測市場を何度も行ってきているが，多くのケースで予測市場の予測結果は他の全国世論調査の結果よりも優れていたこと報告している．また，選挙日が近づくにつれて，世論調査の結果はときに上下動することがあるが，予測市場の結果はそれほど上下動しないことも報告している．予測市場と世論調査の根本的な違いは，世論調査では自分が誰に投票するのかを決めるのに対して，予測市場では世間が誰に投票するのかを予測することにある．このような違いが，予測結果の正確さと安定性に寄与しているのかもしれない．

最後の例は，1986年に起きたスペースシャトルのチャレンジャー号の爆発事故直後の株式市場についてである．爆発事故直後，株式市場ではチャレンジャー号の発射に関わった主要企業の4社（Rockwell International社，Lockheed社，Martin Marietta社，Morton Thiokol社）の株の投げ売りが始まった．しかし，その日の終値としては，Morton Thiokol社のみが暴落し，他の3社は下げ幅を縮小し2％程度にとどまった．その時点では，爆発の原因は明らかになっていなかったが，関連企業の株価の変動にはこれだけの差が生じた．事故から半年後，事故調査委員会は，事故を引き起こした直接の原因はMorton Thiokol社が開発した製品にあること示した．事故の原因が特定されていない中でも，群集はその原因を正確に予測したのである．

以上の例から，重量や当選者，犯人（原因）のように，ある値の予測やあるクラス（カテゴリやオプションの一般概念）への判別においては，一般の人々の判断を集約したものは，ときとして専門家の判断よりも正確なものになることがあると言える．Web における一般の人々による情報提供には，製品に対する評価（口コミ）や概念（事実）に対する説明などが挙げられる．これらは上記の例ほど判断が明示的ではないが，それでも群衆の英知はある程度機能することが期待できる．これが，完全さや信頼性が担保されない情報であっても，人がそれを有効活用しようとする理由の1つであると考えられる．

群衆の英知は，Web の研究者だけではなく，社会学者や心理学者からも注目を集めた．人は個人としては思慮分別があったとしても，集団になると愚かな行動をとることがある（例えば，集団リンチやバブル経済など）という主張が，社会学や心理学の分野では少なからずあったが[27]，スロウィッキーは，それに対する反証（上述したような事例）をいくつも示したからである．これらの反証は，彼自身が行った実験や分析した事例ではなく，他の研究者がすでに行っていたものが多かったが，それらを基に群集が持つ知の力を説明したことには価値がある．これらの相反する主張は，どちらが正しく，どちらが間違っているというものではない．ただ，群衆の英知がうまく機能するには次項で述べる条件が必要であることは注意が必要である．

3.1.4 群衆の英知を形成する条件

前項の事例で示したように，ある値の予測やあるクラスへの判別において，一般の人々の判断の集約がときに優れたものになることを示した．しかし，このような法則（傾向）は，いかなる場合にでも適用可能なものであろうか．どのような人々を集めるのか，どのように一般の人々の判断を得るのか（質問をするのか），個々の判断をどのように集約するのか，と言った細かい条件で，集約結果が正確なものになることも，そうでなくなることも考えられる．この疑問に対してスロウィッキーは，群衆の英知を形成するには，以下の4つの条件が必要であるとしている[26]（図3.2参照）．

多様性（Diversity）：集団の意見は多様であるべきであるという条件である．

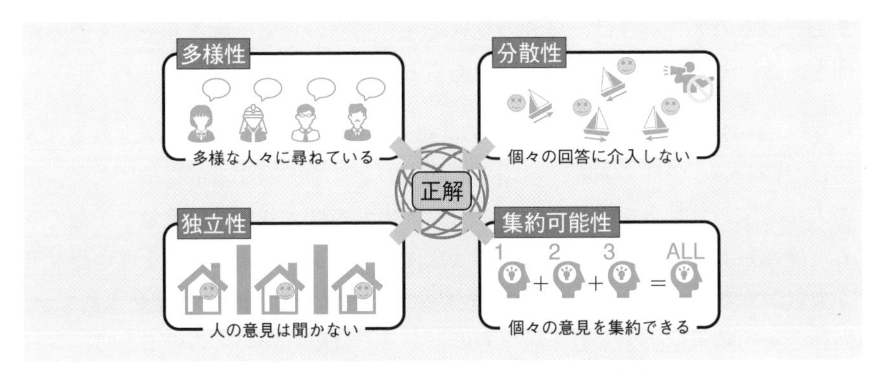

図 3.2 群集の英知が成立する 4 つの条件

予測を行う人は，予測が正確な人もいるかもしれないが，過度に偏った評価をする人もいるかもしれない．何らかの決まった集団（例えば，特定の組織に属する人々の集団や，特定の年齢層に含まれる人々の集団）から評価者を選べば，その集団の特性としてどちらかに（正の値や負の値に）偏った評価をする人が多く含まれるかもしれない．

例えば，明日のテニスのウィンブルドン大会の決勝が日本人の選手とアメリカ人の選手であるとしよう．どちらが勝つかを予測するタスクにおいて，日本人にのみアンケートを取った場合には，彼らはその日本人選手を高く評価してしまうかもしれない．なぜなら，日本人であれば，その日本人の選手に対する情報を詳しく知り過ぎている可能性が高いからである（一方，アメリカ人の選手については，何の情報も持ち合わせておらず，過小評価する可能性がある）．アメリカ人にのみアンケートを取った場合にも，アメリカ人の選手に対して同様なことが起こり得る．これを，日本人やアメリカ人だけでなく，アジア，南米，ヨーロッパ，アフリカから均等に評価者を募集すれば，もう少し公平な目で評価をしてくれることが期待される．すなわち，集団が多様であれば，上記のような偏った評価をする人たちの影響を相殺することができる．

多様性は，次で述べる独立性と密接な関係があることにも注意したい．多様性が低い集団は，互いにコミュニケーションが取れる環境にあることが多く，**集団思考** (groupthink) [28] に陥りやすくなるからである．集団思考を行うと，集団の意見は間違うはずがないと思い込むようになる．考えや価値観が近い人たちによるわずかな予測のずれが意思決定において増幅される可能性がある．

また，個々のメンバーは，自分の意見よりも集団の意見を尊重しやすくなる傾向もある．そのため，群衆は多様である方がよいと言える．

独立性（Independence）：個々人の意思決定は，他人の意見に影響されるべきではないという条件である．前項で，雄牛の重量を予測する例を挙げたが，前の人が推定した重量を教えてくれる方が，次の人はより正確な重量を予測できる可能性がある．そして，最終的には全体でも，より正確な結果を導き出せそうな気がする．しかし，他の人の推定結果を提示しつつ判断や推定を求めても，回答の集約結果は必ずしも正確なものになるとは限らない．このことは，ローレンツ（Jan Lorenz）らやキング（Andrew J. King）らの実験によって確かめられている[29], [30]．以下では，ローレンツらの実験結果を基に説明する．

彼らは，このような値の予測問題に対して，アンケートを取るグループを2つに分けて，一方のグループには個々のメンバーに何の追加情報を与えることなく質問を行い，もう一方のグループにはその時点（ローレンツらの実験では，同じ推定のタスクを5回行っている）でのグループの平均を教えることにした（実際には，ローレンツらの実験では，何も教えないグループ，その時点での平均を教えるグループ，そのグループのそれぞれ参加者のこれまでの推定の軌跡を提示するグループの3つを比較しているが，ここでは説明を単純化するために，2つのグループに分けた結果を説明する）．そうすると，何も教えられないグループは，個々の回答はばらばらの値のままであった．一方，グループの平均を教えられたグループは，回答の分散は徐々に小さくなっていき，ある値に収束する傾向が確かめられた．しかし，正解からどれだけずれているかというエラー率については，平均を教えられても減少しないことが分かった（統計的な有意差は確かめられなかった）．

この実験結果で重要なことは，絶対的なエラー率の値そのものよりも，それの偏りである．グループの平均を教えられたグループは，そのグループの平均は，真の値よりもやや低い数値で推移した．このことは，他人の意見により，集団の意思決定は偏った値に収束する可能性を示唆している．すなわち，他人の意見は，ときと場合により，集団の意思決定を誤った方向に導いてしまう危険性を持っているのである（**情報カスケード**（information cascade）とも呼ばれる[31]）．ローレンツらの実験では，自分の解答に対する自信の程度も聞いているが，他人の意見は自分の解答に自信をもたらす効果があることも示している．しかし，この自信は実際の解答の正確さとは全く関係がないものである．このような自信も，集団の解答を偏った値に向かわせてしまう危険性をはらんでいると言える（集団思考の考え方に近い）．これらのことから，個々人は他人の意見には左右されずに独立に意見を提示する（値を推定する）方がよいと言える．

最後に独立性は，西洋の思想の根本にある個人の自律性の考え方に近い．また，経済学では，「**方法論的個人主義**（Methodological individualism）」とも呼ばれ，個人の行動の集約として社会を理解しようとしている．しかし，一方で現実社会では個人がこの自律性を維持する困難さがあるのも事実である．意見を収集する際に，独立性をいかに担保するかが重要であると言える．

分散性（Decentralization）：群衆は個々に平等であり，群衆の上に立って意見をまとめて提示したり，誘導したりするような人がいないという条件である．このことは，独立性に強く影響する．誰かがリーダーシップを取り，群衆の個々人が意見を述べる段階で方向性を示してしまうと，独立性を担保することができなくなってしまう．前述のローレンツらの実験より分かるように，平均が示されてしまうだけでも，グループの集約した値は真の値よりも低くなる傾向にあった．平均よりも，もっと強い指示や方向性が与えられると，その影響は計り知れない．また，最初から意見の考え方や数値の予測方法などを指示した上で，意見を提示させたり予測値を提示させたりすることも，好ましくない．そのため，群衆の英知を引き出すための仕組みにおいて，評価者（意見を述べる人）は分散しているべきで，誰かが中央集権的に意見を集約して提示したり，意見の出し方を指示したりするようなことはあってはならない．このような分散性は，自由市場の経済や peer-to-peer のファイル共有システムなどにも見られ，金融商品の価値の予測や重要なファイルの発見において，うまく機能していると言える．

集約可能性（Aggregation）：群衆が独立かつ分散的に，意見を提示してくれたとしても，群衆としての解を得るためには，それらを集約するシステムが必要である．それらを集約する術を持たなければ，群衆の英知として 1 つの解を示すことができない．したがって，群衆の英知が機能するには，それらを集約可能な手法が存在していることが条件になる．1 つの値を推定するのであれば，その平均や中央値を計算することが考えられる．1 つのクラスに分類するのであれば，各クラスに分類した人の数，すなわち多数決を取ることが考えられる．しかし，どのような方法を採用するかは，対象とするタスクに応じて慎重に決めなければならない．雄牛の重量を予測する問題では，人々の予測は正規分布に従うものと思われるが，真珠の美しさの判定のような問題では，人々の判定は自信がなくて「どちらでもない」の評価に偏ったり，人により美しさの基準が異なり，「美しくない」と「美しい」に評価が割れたりする可能性がある．前者は算術平均を用いることができるが，後者でどのような集約を行うかは簡単には決められない．また単純であるが強力な集約手法として，価格がある．これは自由市場で見られる集約で，例えば企業の価値の判定は，株式市場における株価が反映していると言える（その価格で売りたい人と買いたい人が拮抗（きっこう）している状態．ただし，投機的な売り買いは除く）．対象とするタスクによっては単純な手法が有効な場合もあるが，慎重に集約手法を決める必要がある．

3.2 Web2.0

2000 年代中盤に革新的な Web のサービスが登場したことを説明するのに，「Web2.0」というキーワードがよく用いられた．集合知が，一般の人々の意見や意思決定を積極的に利用しようとするユーザ側の心理に注目した考え方であるのに対し，Web2.0 はサービス提供者側が集合知の考え方を用いて，いかにして成功するサービスを提供するかに注目したものである．2000 年代中盤は，それまでに存在した多くの Web のサービスがその運営を終了し，また代わりに今日に続くような新しいサービスが生まれた．まさに，新陳代謝が一気に進んだ時代であった．従来のサービスが終了を余儀なくされた理由は何であろうか．また，新しいサービスがインターネットビジネスの勢力図を塗り替えることができた理由は何であろうか．ユーザ主導であるという特徴だけが，サービス成功の要因なのであろうか．それを紐解（ひもと）く考え方が「Web2.0」という概念である．「Web2.0」というキーワードは，2004 年に発表されたもので，本書の執筆時点では，かなり古いキーワードになってしまっている．しかし，現在の Web の姿につながる重要な転換点を示唆したキーワードであることは間違いない．そこで，本節では Web2.0 という概念を採り上げ，現在人気を得ている Web サービスの姿の本質に迫る．

3.2.1 Web2.0 以前

Web2.0 の話を始める前に，Web2.0 以前の Web とはどういうものだったのか振り返ってみたい．Web2.0 以前の Web は，ときに「Web1.0」と言われることがある．これは，「Web2.0」に対比させる目的で出てきたキーワードであるが，コルモード（Graham Cormode）とクリシュナムルティ（Balachander Krishnamurthy）が端的にその特徴を語っている[32]（図 3.3 参照）．彼らは Web1.0 を，コンテンツ作成に係わる人に関するものとコンテンツが提供される技術的な形式に関するものの 2 つから説明付けている．

前者においては，Web1.0 では，コンテンツ作成者側に一般ユーザ（何かの専門家や権威ではない普通の人々，または特に IT の専門知識を持たない普通の人々）はほとんどおらず，大多数のユーザは単にコンテンツを消費するだけであったとしている．すなわち Web 上でコンテンツを提供する者は，企業やメディア（雑誌や新聞などの出版社）などの団体と，大学教員や研究者などの専門知識を持った個人に限られていた．また，当時は Web ページを開設するには，HTML と呼ばれるコンテンツ記述用のコードを直接に入力する必要があったため，彼らはたいてい Web や情報技術に関する高度な知識を持っていた（多くの場合，IT エンジニアや研究者であった）．すなわち，コンテンツ作成者は情報の配信方法についても，専門家である必要があったと言える．

後者については，コンテンツ（Web ページ）が完成形として静的に提供されるとしている．すなわち，現在の Web のように，コンテンツを部品に分解し

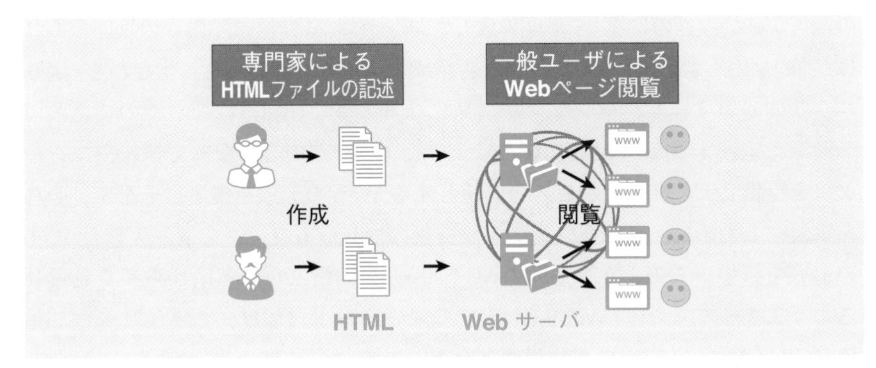

図 3.3 **Web1.0 の特徴**

ておき，それをオンデマンドで組み立てるようなことはしていない．詳細に説明すると，Web1.0 では，コンテンツはインターネットサービスプロバイダが提供する Web サーバ上で提供される静的なページで提供されていた．今のように，リレーショナルデータベースで駆動されるコンテンツ管理システムは存在せず，静的な Web ページの HTML ファイルをサーバのファイルシステム上で提供していた．すなわち，事前に HTML ファイルとして保存していた内容をそのまま，ユーザの Web ブラウザに表示していた．これに対して，現在の Web ページの多くは，コンテンツ管理システムで生成されており，データベースに保存されている様々な Web ページの部品を再構成して提供されたものである．そのため，例えば SNS のページでは，投稿本体と他ユーザからのコメント，「いいね！」などのリアクションを分けて，効率的に管理することができる．それに対して Web1.0 では，他のユーザとのインタラクションは，それらのページとは独立に立ち上げたゲストブック（電子掲示板）に頼っていた．そのため，コンテンツを基に Web 上のユーザ同士がインタラクションを取り合うような環境ではなかった．

3.2.2 Web2.0 と は

1990 年代の Web は，コンテンツの提供形態が静的で，またコンテンツ提供者が専門家に限られていた．そのため，爆発的に普及したとはいえ，多くのユーザはコンテンツ消費者でしかなかった．これに対して，2000 年代以降の Web は，多くのユーザが自らコンテンツを作成し公開するようになった．また，コンテンツの配信が動的なものになり，一度作成したコンテンツに対して，誰かの反応があれば，その反応も含めて，コンテンツを再構成できるようになった．すなわち，よりユーザ間のコミュニケーションが活発になるような仕組みになったのである．

簡潔に定義すると，**Web2.0** とは，一般ユーザが中心となって情報やコンテンツを提供し，それをサービスの価値とする Web の形態を指す．そして，それを実現するために，動的なコンテンツ提供のフレームワークを取り入れた Web の形態を指す．このような形態の Web サービスは，2000 年頃から多く見られるようになってきた．「Web2.0」というキーワード自体は，オライリー（Tim O'Reilly）によって 2005 年に提唱されたもので [8]，当時は大変なブームになったキーワードである．

Web2.0 が注目を集めたのには，2 つの理由が考えられる．1 つは，2 章でインターネットバブルについて説明したが，それがはじけた後に生き残った Web サービスは，Web2.0 の概念に当てはまるものが多く，それらがビジネスの成功例として捉えられるようになったからである．もう 1 つは，それら生き残った Web サービスの多くが，ユーザ駆動のサービスになっており，それがうまく機能している状況を，2.1 節で紹介した「集合知」や「群衆の英知」という概念により説明されたからである．ビジネスとして生き残る条件と人々の能動的な情報提供の価値，これら 2 つが Web サービスが生き残った理由をうまく説明したのである．そして，「Web2.0」と「集合知」（または「群衆の英知」）というキーワードは，その後の Web サービスの設計時には，考慮せざるを得ないものになった．

3.2.3 Web2.0 の特徴

Web2.0 に当てはまるサービスの特徴は，この言葉の提唱者であるオライリーによってもまとめられており [8]，それを受けてさらに多くの研究者によってまとめられている [33], [34], [35]．本項では，最初にオライリーがまとめた Web2.0 の特徴を紹介する（読者の分かりやすさを優先して，原著の節タイトルを直訳するのではなく，わかりやすく言い換えて項目名を設定している）．

1. プラットフォームとしての Web

Web は，もともとインターネット上の情報共有を行うアプリケーションとして，バーナーズ－リーによって開発された．Web が誕生した当初（1990 年代中頃）は，情報提供を目的に静的な Web ページが多く立ち上がった．当時は，情報提供者は提供したいコンテンツを HTML で記述し，それを FTP などで Web サーバの特定のディレクトリに置くことで実現していた．専門知識が必要で，手間がかかるものであった．しかし，2000 年代になると Web 上の GUI (Graphical User Interface) における操作のみで，Web ページを開設できるブログが流行した．ブログは，コンテンツ管理システムを採用することで，HTML や FTP などのインターネットの専門知識がなくても，Web ページを開設することができるようになった．すなわち，より手軽なプラットフォームに進化したのである．また，投稿記事に対して他人がコメントを付与できるようになり，コミュニケーションプラットフォームとしても機能するようになった．さらに，

1990年代後半に Web ベースのメールサービスが提供され，2000年代中頃にはワープロやスプレッドシートなど，これまでパッケージソフトウェアとして提供されていたアプリケーションも Web 上で実現されるようになった．すなわち様々なアプリケーションの実行環境（プラットフォーム）としても機能するようになったのである．Web2.0 の特徴の1つとして，サービスが単なる情報提供媒体にとどまらず，人々がその上で作業を行ったり，人とコミュニケーションを取ったりするためのプラットフォームの役割を持っていることが挙げられる．

2. 集合知の活用

Web2.0 以前は，Web 上で提供されるコンテンツは，その分野の権威や専門家が書いたものがほとんどであった．百科事典のサービスも Web 上で提供されていたが，それはある企業が各分野の専門家に執筆を依頼したものであった．すなわち Web での情報提供は，ごく限られた専門家やパソコンに詳しいマニアのみで行われていた．したがって，一般のユーザはそれを読むだけの存在であった．Web2.0 以前の情報提供は HTML で記述されたファイルによる静的な Web ページで行われていたため，情報共有には一定の専門知識が必要であった．そのため，一般ユーザによる情報提供の妨げになっていた．しかし，Web2.0 のサービスでは，特別な知識がなくても Web ページを公開できたり（ブログ），さらに簡易な情報提供を行えるようにしたり（マイクロブログ）するようになった．また，コンテンツそのものも，一般ユーザの体験や口コミに重きを置くようになった（SNS や口コミサイトなど）．百科事典のサービスも Wikipedia のように，誰でも記事を投稿できるようになり，情報を探索するための分類体系も，専門家が作成したようなもの（タクソノミー）ではなく，一般のユーザが自由に付与したタグ（フォークソノミー）が使われるようになった．情報やコンテンツの完成度よりも，網羅性や速報性を重視し，数の論理（群集の英知）で信頼性を高めようとしたのである．このように，一般のユーザの知識を有効活用するようになったのが Web2.0 最大の特徴である．

3. データ駆動での実現

Web2.0 以前は，Web 上のコンテンツは，あらかじめ HTML で書かれた静的な Web ページで提供されていた．しかし，Web2.0 のサービスでは，背後に膨大なデータを抱えており（リレーショナルデータベースというデータベースに保存されていることが多い），そこから選択されたコンテンツの部品を再構成して表示したり，そのデータを解析した結果をサービスとして提供したりしている．前者の代表例はブログである．ブログ記事は一つひとつのHTMLファイルでサーバのファイルシステム上に保存されているわけではなく，サーバのデータベースに保存されており，そこから内容だけ取り出し，HTMLの形式で構成したものをWebブラウザに送信している．これにより，情報提供者はHTMLを覚える必要がなくなった．後者の例としては，口コミサイトが挙げられる．口コミサイトでは，たくさんのユーザの商品に対する評価コメントや評価値（rating）データを持っており，それを集計した結果を返してくれる．SNSにおいては，投稿の人気を知らせる仕組みとして「いいね！」が押された回数が記事の横に表示される．また，検索エンジンの検索結果は，どのページがどれだけのリンクを他のページから集めているかという情報を用いて結果を返している．単にコンテンツをデータベース上に持つだけでなく，それらを集約したり，それを高度なサービスに利用したりしている点が特徴である．これらの例のように，データに基づき高度なサービスを実現することを「データ駆動」と呼ぶ．Web2.0のサービスはデータ駆動で実現されていることが多く，それにより高い付加価値を提供していると言える．

4. サービス指向

Web2.0以前の時代のアプリケーションは主にパッケージソフトとしてリリースされ，ユーザはそれをパソコンにインストールして使っていた．アプリケーションが更新されれば，アプリケーションを買い直してインストールし直すか，更新の差分をダウンロードしてインストールするかしていた．一方，Web2.0のアプリケーションは，Webブラウザからアクセスして利用する．そのため，アプリケーションに何か不具合がありアップデートする場合には，Webサーバ上にあるアプリケーションを更新するだけでよく，ユーザは自分のパソコンのアプリケーションを更新したり，アプリケーションを再インストールしたりする必要がなくなった．すなわちWebサーバのアップデート後すぐに，ユーザは新しいアプリケーションを使うことができるようになった．そのため，アプリケーションやサービスによっては，いつまで経ってもβ版（アプリケーションの正式版ではなく，開発途上のものをユーザに先行で使ってもらっているもの）として運用しているものもある．このサービス形態での提供により，新しいサービスやアプリケーションをいち早くユーザに使ってもらえるようになった．ただ，最近のスマートフォンの動向には注意が必要である．スマートフォンでは，様々なサービスがスマートフォンのOS上での専用アプリケーションとして提供されることが多くなっており，サービス指向に逆行する流れが起きつつある．ただし，アプリケーションの更新が即座に自動で行われたり，アプリケーション上で最新の情報やコンテンツにアクセスしサービスを提供したりしており，サービス指向の利便性は維持されていると言える．しかし，多くのアプリケーションをインストールした状態は，端末の記憶装置の領域を無駄に消費してしまうため，今後もこの逆行の流れが継続されるかどうか，注意して見る必要がある．

5. 簡易なプログラム実装

Web2.0のアプリケーションは，軽量で簡易なプログラミング環境で実現されている．従来のアプリケーションは独自のプロトコル（通信規約）で独自のソフトウェアとして実装されてきた．しかし，Web2.0のアプリケーションは，Web上の規格化されたプロトコル（RESTやSOAP）を用いて実装されている．規格化されることにより，アプリケーション間の相互運用性が高まった．また，誰でも利用可能なWeb上のAPIが多く提供されるようになったため，それを用いて実装されたアプリケーションも多くなった．これらのプログラミング環境やAPIを用いて，既存の情報を加工，編集することで，新しいサービスを提供すること（「**マッシュアップ**」と呼ばれる）が，1つの実装形態となった．マッシュアップにより，低コストでアプリケーションやサービスの開発を行うことが可能になった．4.でも説明したが，近年のスマートフォン上のサービスは，スマートフォンのOS上での専用アプリケーションとして提供されることが多くなっている．そのため，独自に実装したコードも多くなっている．ただし，リアルタイムな情報やデータの取得には，WebのAPIを用いていることも多く，完全にその本質が失われたわけではないと言える．

6. マルチプラットフォーム対応

多くのソフトウェアは，特定のOSを対象に実装されてきた．例えば，Windows用であったり，Mac OS用であったり，Unix用であったりである．しかし，Web2.0のサービスは，Webを通じて利用しているので，これらのOSによらず利用することができる．また，Webブラウザはパソコンだけではなく，2000年代前半によく用いられた携帯電話や携帯端末（BlackBerryやWindowsCE端末）から，近年広く普及したスマートフォンまで，デバイスを問わず実装されている．これにより，ユーザはいつでもどこでもサービスを利用し，そのサービス上で情報提供を行うようになった．これは，すなわちサービス提供者側は一般の人々の行動データ（時間情報やときに場所情報を含む）を取得できるようになったことを意味する．ここでも近年のスマートフォンの専用アプリケーションの動向は注意する必要がある．2019年現在では，スマートフォンのプラットフォームは事実上AndroidとiPhone（iOS）の2種類しかないため，ほとんどのサービスがこれら2つのプラットフォームで動作するアプリケーションを提供している．ただし，プラットフォーム依存であることには違いはなく，今後新しいプラットフォームが出現したり，これらのプラットフォームが衰退したときには，別の形式でのサービス提供を考慮せざるを得ない．この点では，スマートフォンの出現により退化した特徴かもしれない．

7. 高度なユーザインタフェース

Web2.0以前は，Web上のコンテンツは，あらかじめHTMLで書かれた静的なWebページであった．つまり，誰がアクセスしても同じWebページが表示され，ユーザがページ閲覧中にどのような行動をとったとしても，ページの内容が変化するということはなかった．Web2.0のサービスは，**Ajax**と呼ばれる技術により動的にサーバにアクセスし，Webブラウザに表示されているWebページの内容をリアルタイムに更新する．この技術を用いると，ページのスクロールとリンクをクリックすることぐらいしか操作を行うことができなかったWebページを，より高度なユーザインタフェースを備えたWebアプリケーションにすることができる．これにより，サービス上でのユーザ経験（ここでのユーザ経験とは，サービスを利用するために必要な情報の入力の行いやすさや，出力された情報の見やすさなど，利用上の操作に関する経験を意味する）は，Web1.0とは比べ物にならないほど優れたものになった．すなわち，パソコンのパッケージソフトウェアに匹敵するような使い勝手になったのである．ユーザインタフェースの高度化は，Webのプラットフォーム化とも密接に関係してくる．Ajaxの技術があったからこそ，今のようなアプリケーション実行プラットフォームとしてのWebがあると言える．

3.2.4 Web2.0の核心

これら7つの特徴を見ることで，2000年代中盤以降のWebのサービスは，従来のWebやソフトウェアとは大きく違う特徴を持っていることが分かった．「Web2.0」という言葉は，それが流行している頃から単なるバズワードであるという指摘があったが，それでもこれらの7つの特徴は，Web上のサービス形態が大きく変わったことに気付かせてくれる．しかし，現在のWebサービスやスマートフォンまで含めたコンシューマ向けITサービスを見ると，これら7つの特徴を満たしていないものもあることが分かる．また，これら7つの特徴の中にも，その後のサービスに強く影響したものとそうでもないものが混在していることが分かる．Web2.0という考え方とそれを象徴する7つの特徴は，ITサービスの設計において重要な観点を与えてくれるとは思うが，それらに縛られ過ぎると，サービスやアプリケーションの発展を妨げるものになりかねない．技術はいずれ進化していくものである．そのため，技術により実現された特徴は，それほど重要なものではないと考えられる．オライリーによるWeb2.0の発表後，様々な研究者によりWeb2.0のサービスの特徴がまとめられたが[33], [34], [35]，それらも考慮すると，以下の3つの特徴がWeb2.0の特に重要な特徴として挙げられる（図3.4参照）．

(1) ユーザ自身によるコンテンツ作成

誰でも自由にコンテンツを提供できるという特徴である．これにより，誰もが興味のある一般的なトピックだけでなく，ごく少数の人しか興味を持たないようなニッチな内容までもカバーすることができるようになる（ロングテールと呼ばれる）．かなりニッチな嗜好（しこう）を持っているユーザであっても，またかなり特殊なライフスタイルのユーザであっても，自分と近いユーザが発見でき，その人たちの投稿を楽しむことができるようになる．マーケティングの観点においても，商品の価値は常に変化してきている．1980年代までは皆が同じ大量生産品を使っていたが，1990年代以降は同じ機能であるならば，人とは違う価値を求めるようになってきている．そのため，ロングテールをカバーできることが必要である．また，物事の見方が多様になる利点も生まれる．従来メディアのように，少数の専門家が質の高いコンテンツを提供する環境も考えられるが，観点に偏りが生じたり，情報に漏れが生じたりする可能性がある．前節で示したように，群集の英知を実現するには，多様性が必要である．たとえ一人ひとりの投稿コンテンツは不完全であっても，あるいは網羅的でなくても，多くの人のコンテンツがあればそれらが相互補完を行い，より完全性と網羅性の高い知識になっていくものと思われる．個々人の創作物や知識を全人類の知的財産として活用し，より高度で文化的な生活を実現するサービスの開発を目指すべきである．

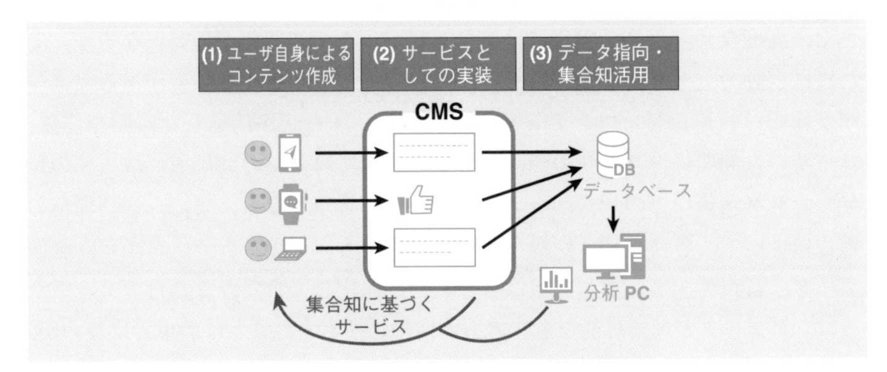

図 3.4 **Web2.0** における核心的特徴

(2) クラウドサービスとしての実装

データそのものを個々の端末に保存するのではなく，インターネット上のサーバ（クラウド）に保存することで，いつでも，どこでも，任意の端末から同じサービスを受けられるという特徴である．Web アプリケーションとして実装されていれば，端末側に必要なものは Web ブラウザだけで済む．個々の端末のインストールソフトウェアの種類を気にすることなく，サービスを受けることができる．近年のスマートフォンでは，プラットフォームの専用アプリケーションとして開発されていることも多い．ただ，この場合も扱うデータそのものは端末ではなくクラウドに存在している．また，ユーザが用いているアプリケーションの種類をクラウドで管理しておくことで，ユーザが新しい端末を使い始めれば，自動で必要なアプリケーションをインストールされるように設定することもできる．いずれにしても，これらはユーザからアプリケーション利用の制約を開放し，自宅や職場にいるときだけではなく，通勤中や運動中などでも，そのサービスにアクセスし，コンテンツを消費・作成できるようになることを意味する．実世界のあらゆるシーンにおいて，高度なサービスを提供するために必要な特徴であると言える．

(3) データ指向・集合知活用

多くの人から集めた大量の知識や行動データを，人類共通の資産として活用しているという特徴である．1章にてコンピュータをより知的にするためのボトルネックは，コンピュータに誰が知識を入力するかという問題にあったと述べた．高度なサービスの実現には，コンピュータの知的化が必要となるが，それには自動でデータが収集され，それらのデータを利用する必要がある．ユーザが作成（投稿）したコンテンツだけでなく，ユーザが活動した時間や位置，ユーザの人間関係，ユーザの商品やコンテンツに対しての評価値，ユーザの付与したタグ情報などの形式的なデータの収集が必須となる．また，通信環境の進化によって，各サービスが扱うデータの種類も，テキストデータから，画像データ，音声データ，そして映像データへと進化してきた．これらのデータからコンピュータが理解可能な意味のある情報を抽出することは簡単ではないが，それでも近年の人工知能の発達により，それもかなり容易になってきた．今後の Web サービスは，これらのマルチメディアデータの特徴量も利用し，他のサービスとの差別化を図る必要があるであろう．

演習問題

問題 1 群衆の英知と集団的知性の考え方の違いについて述べよ．

問題 2 群衆の英知が成り立つための5つの条件について，それぞれ簡潔に説明せよ．

問題 3 Web2.0 以前の Web（いわゆる Web1.0）と Web2.0 の違いを，情報発信者と情報配信形式の観点から説明せよ．

問題 4 Web2.0 の7つの特徴について，それぞれ簡潔に説明せよ．

第4章

情報検索と情報推薦

現在の多くの Web サービスは，多数のユーザによる協調的な活動を促進したり，個々のユーザの行動ログを協調的に知的処理したりしている．前者はサービス上のインタフェースにより，ユーザに直接に協調活動を促すため，ユーザは他のユーザの活動による恩恵に気付きやすい．一方，後者は個々のユーザは独立に行動しているつもりでも，システムにより自動的にその行動ログを協調的に処理しているため，ユーザは他のユーザによる恩恵に気付きにくい．後者のサービスは，Web における最も基本的なユーザ行動と言える情報獲得を支援するものが多い．本章では，ユーザによる情報検索（information retrieval；現在ユーザが欲しいと思っている情報を探すこと）と，サービス提供者からのユーザへの情報推薦（recommendation；ユーザが恒常的に興味を持っていそうな情報や好きそうな商品を提示すること）に注目し，これらのサービスがいかに協調的に実現されているかを紹介する．これらのサービスは，Web が Web2.0 と呼ばれる以前から，またソーシャルメディアが出現する以前から存在していたものであるが，今ほど一般ユーザが利用していなかった時代においても，協調的なサービスが優れた機能や性能を発揮していたことを示す．なお，本章の目的は，情報検索と情報推薦において，いかに Web の社会性が機能や性能に寄与するかを示すことにあるが，その貢献のインパクトを理解するには，そもそもそれらがどのように実現されていたのかを知る必要がある．そこで，それぞれの基本方式についても説明する．

4.1 情報検索

4.1.1 情報検索と検索エンジン

人が，コンピュータを使って自分の欲しい情報（書籍やニュース記事，その他コンテンツ）を，単語（キーワード）を基に探す行為を**情報検索**と言う．このような行為は古くは，図書館で利用者が自分の読みたい書籍を端末で探していたことまでさかのぼることができる．このようなシステムを情報検索システムと言う．情報検索システムでは，ユーザは単語（キーワード）を1つまたは複数入力すると，その（それらの）単語を含む文書（書籍や記事）の情報をリスト形式で返してくれる．リストは文書のタイトルや出版日，カテゴリなどのメタデータ[†1]で構成されており，ユーザはそれらを見て自分が見たい文書を決定する．

Webも図書館同様に多くの情報が存在する．Webが登場して以降，そこで公開される文書（Webページ）は，日ごとに増えてきており，その増加速度は図書館の蔵書の増加速度の比ではない．2008年にGoogleが公開した情報によると，当時でGoogleが把握している（正式には索引付けしている）Webページ数は1兆であったとのことである．Webが誕生してから（インターネットに初めてのWebページが公開されてから）わずか17年ほどで，莫大（ばくだい）な量の情報が公開されるようになったことが分かる．なお，現在はWebページという単位で計測することが困難であることから，いくつかの研究機関や調査会社等が調査する単位はWebサイト数（ドメイン数）となっている．アメリカの調査会社の1つによると2016年12月の時点で17億6,000万サイトであると報告されている[†2]．

Webにおいて，情報検索を支援するサービスのことを**検索エンジン**（search engine）と言う．検索エンジンの使い方は，図書館に設置されてあった情報検索システムと同様である．ユーザはキーワードを入力し，そのキーワードを含むWebページの情報をリストで返してくれる．検索エンジンンの検索結果で表示される情報は，Webページのタイトル，そのページのURL，そのWebページの内容の重要箇所（一般に「スニペット」（snippet）と呼ばれる）で構成される．URLのようなWeb特有の情報もあるが，出力内容は図書館での情報検

[†1] 情報やコンテンツに付随する形式的なデータ．

[†2] https://www.internetlivestats.com/total-number-of-websites/

索システムと大差はない．

しかし，図書館の情報検索システムとWebの検索エンジンでは，検索結果のリストにおける並び方がユーザに与える恩恵については大きな違いがある．出版業界では，これまでに多くの書籍が出版されているとはいえ，その出版にはコストがかかるため，出版点数にはある程度の限界がある．一方，Webページは公開にほとんどコストがかからなく，非常に短いWebページから長いWebページまで作成できるため，その数は無限にあると言っても過言ではない．そのため，いかにして検索結果をユーザが気に入る順で並べるかが重要になる．すなわち検索エンジンの価値は，リストの並び方（ランキング）にあると言える．現在の検索エンジンは，このランキングにWebの社会性を利用した方法論を導入している．本節では，この方法論に焦点を当てて説明する．

4.1.2 検索エンジンの基礎

一般に，検索エンジンはクローリング，インデキシング，マッチング，ランキングの4つの処理で構成される（図4.1参照）．**クローリング**はWebに存在するWebページを収集すること，**インデキシング**は収取したページから検索の手がかりとなる単語を抽出すること，**マッチング**はユーザの情報要求に対して適合するページを探すこと，**ランキング**は適合したページを重要度順で提示することを意味する．最後のランキングにおいて，Webの社会性が大きな貢献を果たすことになる．次項以降でそれぞれの詳細について説明する．

4.1.3 クローリング

検索エンジンが，Webにどのようなページが存在するのかを探すことをクローリング（crawling）と呼ぶ．また，それを自律的に行うプログラムのことをクローラ（crawler）と呼ぶ．クローリングでは，Webページに含まれるリンクをプログラムでたどっていくことで，そのリンク先のWebページを取得し，それを1つのコンピュータ（実際には複数のコンピュータに分散させて，取得・保存作業を行うことが多い）に保管していく．

図4.2を例に，詳しくこの動作を説明する．最初に，すでに検索エンジンにはいくつかのWebページが登録されているものとする（例えば，有名なWebページが手作業で登録されている）．まずは，これらのWebページにアクセス

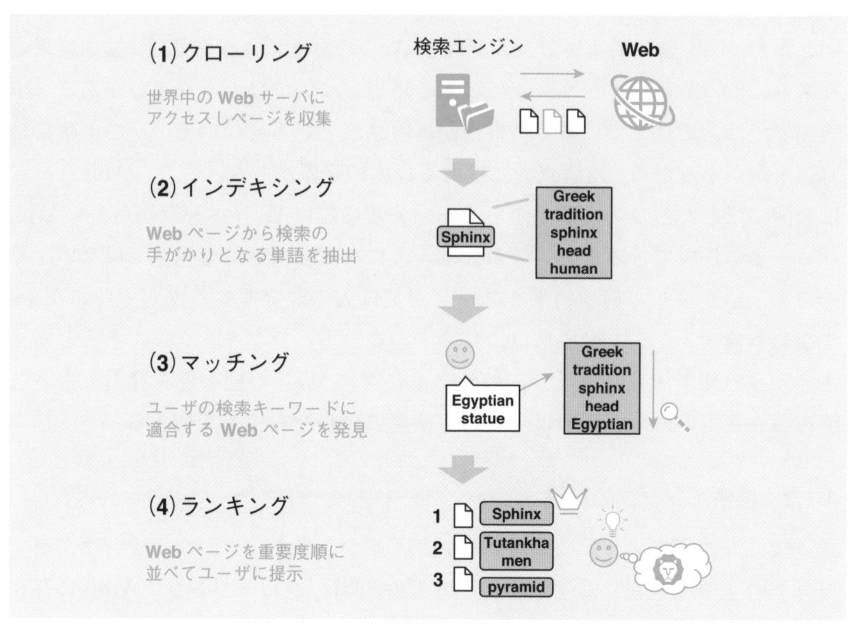

図 4.1　検索エンジンの処理の概要

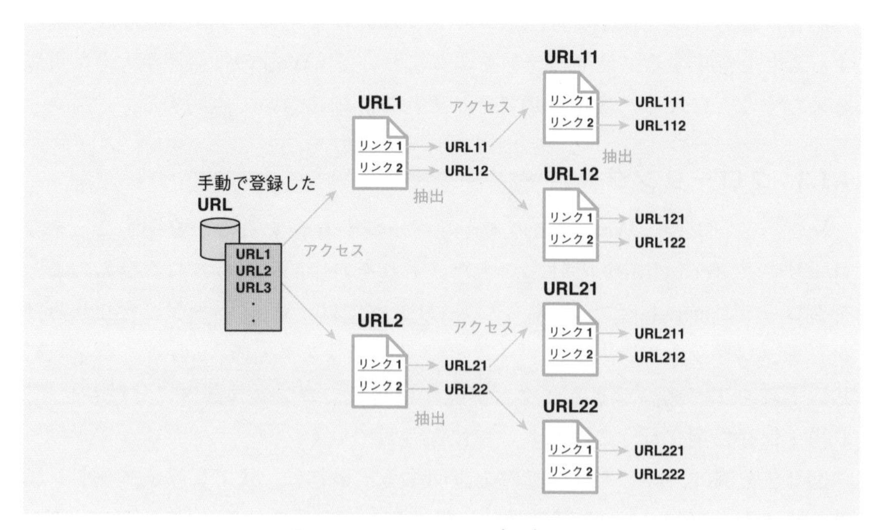

図 4.2　クローリングの仕組み

して，そのページの HTML ファイルを取得する．次に，そのファイル内のリンク（具体的には，<A> タグによる記述）を探し，そのリンクに書かれている URL を取得する．取得した URL を基に，そのページにアクセスして，そのページの HTML ファイルを取得する．以降，これを繰り返していく．このような探索は，一般に幅優先探索（breadth-first search；横型探索とも言う）と呼ばれる．一見，地味な作業に見え，世界中の Web ページを収集するには，限りなく探索する必要があるようにも思えるが，数回これを繰り返すだけで，到達する Web ページ数は膨大な数になる．したがって，多くの商用の検索エンジンでは，数万にも及ぶクローラを同時に実行し，それらが分担して探索するようになっている．

4.1.4 インデキシング

HTML タグ除去

インデキシングにおいては，最初に HTML のタグを除去する（単語重みづけなどに，タグの情報を有効活用することもある）（図 4.3 参照）．Web ページは，図 4.3 の左にあるような **HTML** という形式で記述されている．ここで，“<” と “>” で囲まれた部分がタグと呼ばれる Web ページを成型（レンダリング）して表示するためのコード（命令）である．このようなコードが，意味的な検索語として用いられることはないので，これらを削除する必要がある．削除した後のテキストファイル（プレーンテキスト）は図 4.3 の右のようになる．この処理により，検索に必要な内容だけを取得することができる．

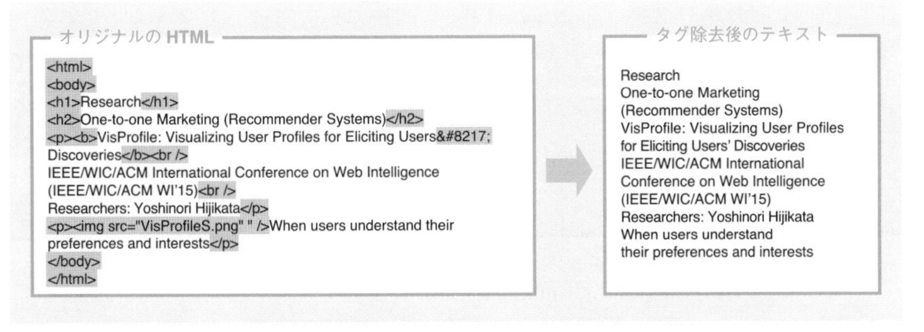

図 4.3 **HTML ファイルからのタグの除去**

形態素解析

英語やフランス語などのヨーロッパ系の言語では，単語がスペースで区切られている（これを「分かち書き」という）ために，単語の同定は極めて容易である．しかし，日本語や中国語では，単語間にスペースを入れることはない（すなわち分かち書きを行わない）．そのため，文を表現するテキスト（文字列）を単語に分割しなければならない．この分割処理のことを**形態素解析**（morphological analysis）と呼ぶ．図4.4のように，明確な単語の区切りがないテキストを，文を構成する最小単位である単語（形態素と呼ばれる）に分割する．なお，この形態素解析は，かなり複雑で難しい処理となる．しかし，形態素解析を行うツールは，フリーウェアのものも含めて数多く出回っているので[†3]，自分で検索エンジンを実装する際には，それらのツールを利用すればよい．

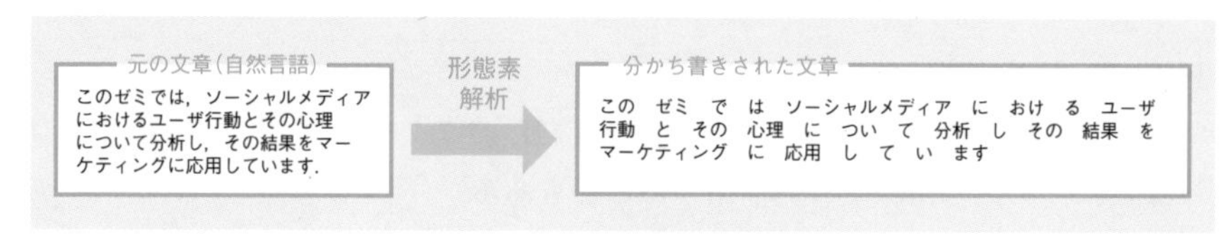

図 4.4 形態素解析の例

不要語リスト

文書中の単語の中には，文書の意味的な内容を表す語（内容語と呼ばれる）として利用されることがほとんどない語（不要語または**ストップワード**（stop word）と呼ばれる）も存在する．不要語の除去では，あらかじめ不要語のリスト（これを**不要語リスト**（stop word list）と呼ぶ）を作っておき（図4.5参照），それに適合する単語を除去することも多い．特に，あらかじめ分かち書きしてあるヨーロッパ系言語では，計算にコストのかかる自然言語処理を回避し，このような単純な方法を用いることも多い．

[†3] MeCab：https://taku910.github.io/mecab/
JUMAN：http://nlp.ist.i.kyoto-u.ac.jp/index.php?JUMAN
KyTea：http://www.phontron.com/kytea/index-ja.html
Sudachi：https://github.com/WorksApplications/Sudachi

i	…	…	…
me	am	to	too
my	is	from	very
myself	are	up	can
we	was	down	will
our	were	in	just
ours	be	out	don
ourselves	been	on	should
…	…	…	now

図 4.5 不要語（ストップワード）リストの例
（**"NLTK's list of english stopwords"** から抜粋．
"．．．" は，一部省略を意味する）

ステミング

ヨーロッパ系言語では，1つの単語をその語尾を変形させて使用することが多い．例えば名詞であれば，「イヌ」を意味する "dog" という単語に対しては，イヌが複数いれば "dogs" と，単語の末尾に "s" が付く．「勉強する」を意味する "study" という動詞に対しては，三人称単数は "studies"，過去形は "studied" のように，語尾が変化する．このように変化形の単語は，いずれも簡単なルールを適用することで単数形や現在形に戻すことができる．意味だけを考えれば，これらは1つの解析単位として保存する方がよい．このような語形変化の部分を取り除き，同一の表現に変換する処理を**ステミング**（stemming）と呼ぶ．

4.1.5 マッチング

情報検索理論の概要

ユーザが入力した検索キーワードからユーザの要求に適したWebページを発見する過程をマッチングと言う．一般の検索エンジンでは，ユーザは1〜数個の検索キーワードを入力することで，それらを含む文書（Webページ）が得られる．ANDまたはORを指定することで，「それらを全て含む」という条件にするか，「それらのいずれかを含む」という条件にするかを指定することができる（一般に，ORの指定がない限り，ANDが採用される）．この方式は，タウベ（Taube）らが開発した**ブール代数**（**boolean algebra**）**に基づく検索理論**として一般化される[36]．これは，数個のキーワードをANDやOR，NOTなどの論理演算子でつないで，適合する文書を探し出す．数学的な表現をすれば，文書集合を $D = \{d_1, d_2, \ldots, d_N\}$，検索質問の集合を Q，検索過程で各文書に付与されるスコアの値の範囲を V，ある検索質問 $q \in Q$ に関する写像を $f_q:\ D \to V$ としたときに，情報検索のモデルは $< D,\ Q,\ V,\ f_q >$ と表現できる．もし，単純に検索質問 q が 1 つの単語から構成されているとして，その単語が文書 d_i に含まれているか否かだけを見るのであれば，

$$f_q(d_i) = \begin{cases} 1, & q \in \mathrm{set}(d_i) \\ 0, & \mathrm{other} \end{cases}$$

と定義して（$\mathrm{set}(d_i)$ 関数は文書 d_i に含まれる単語集合を返す関数とする），$f_q(d_i) = 1$ のときに文書を出力し，$f_q(d_i) = 0$ のときには文書を出力しない検索システム（$V = \{0, 1\}$）を考えることができる．さらに，複数のキーワードと AND，OR，NOT を使う場合は，$q \in \mathrm{set}(d_i)$ の部分を，それぞれのルールで置き換えればよい．これがブール代数に基づく検索理論の基礎となる．

転置ファイル

ブール代数に基づく検索理論を適用するには，あらかじめ予想されるキーワード（ユーザからの情報要求）に対して，そのキーワードがどの文書に含まれているかを登録しておく方式が用いられる．これを**転置ファイル**（または，転置索引，転置インデックス）と呼ぶ．英語では，“inverted file” または “inverted index” と呼ぶ [37]．これは，書籍の巻末に用意されている索引と同じ概念である．書籍の索引では，自分が調べたいキーワードをあいうえお順やアルファベット順にたどって調べれば，どのページにその単語が載っているかが分かる．これを，世界規模の Web で行ったものが，Web 検索エンジンでの転置ファイルである．

各文書から単語を抽出し，各文書がどの単語を含むかを表に表すと図 4.6 のようになる．ここで，表は行に注目してからでないと，個々の要素にアクセスできないと仮定する（現実的ではないが，「転置」の意味を理解するのに必要な仮定である）．この例の文書は以下のものであるとする．

文書 1：“The most famous baseball player is Ichiro.”

文書 2：“The most famous stadium is Yankee Stadium.”

そうすると，この表からは文書 1 は，famous，baseball，player，Ichiro という単語を含むことが分かるが，逆に baseball という単語を含む文書はどれなのかを探すことはできない．これを，行と列を入れ替えると（転置すると），単

	famous	baseball	player	stadium	Ichiro	Yankee
文書 1	1	1	1		1	
文書 2	1			2		1

文書に登場するキーワードを検索

行と列を入れ替える

	文書 1	文書 2
famous	1	1
baseball	1	
player	1	
stadium		2
Ichiro	1	
Yankee		1

キーワードが登場する文書を検索

図 4.6 転置ファイルの例

語が行に来るため，baseball という行を右にたどれば，baseball を含む文書を探すことができる．このような入れ替え後の表を転置ファイルと呼ぶ．現在の検索エンジンは，このような巨大な表をあらかじめ作成しておき，この表を探索しに行っていると考えてよい．ただし，単語の種類数が増えてくると，この表自体の探索も時間がかかる．単語の種類数を n とすると，単語を発見するだけで $O(n)$ の計算量[†4]が必要となる．通常は，B+木などの木構造のアルゴリズム [38] を用いて，高速化を行っている．これにより少なくとも $O(\log(n))$ の計算量で済むようになる．一般に n が大きくなると，$\log(n)$ の値は相対的にかなり小さくなるため，大幅な高速化が期待できる．

4.1.6 ランキング

マッチングにより，ユーザが入力したキーワードを含む Web ページ（文書）が特定できたとする．しかし，通常，そのようなページは膨大な数になること

[†4] 計算量とは，計算の回数を表す概念である．通常，計算の回数がデータ数 n に対して，どれほど大きいかを示す $O(\cdot)$ という表記法に基づいたオーダー表記で示す．$O(n)$ の場合，データ数が n 個であったとすると n 回の繰り返し計算が必要なことを意味する．

が予想される．例えば，「東京 グルメ」で検索したとすると，「東京」は固有名詞ではあるものの，これらの両方を含むページは数えきれないほど存在すると思われる．そこで，発見されたページを重要度順に並べ替える必要がある．これがランキングである．

古典的なランキング手法は，単語（または文）に注目し，それらに重要度を付与する．検索候補の各 Web ページ中の単語の重要度を算出し，検索キーワードに相当する単語の重要度の総和を Web ページごとに求めれば，Web ページの重要度が算出できる．単語の重要度は，文書中での単語の位置（文書の先頭に出てくる方が重要である）や出現頻度（何度も出てくる方が重要である），文書スタイル（太文字やアンカーテキストになっているものの方が重要である），手がかり表現（例えば，“this report” や “in conclusion” などの文書のまとめが書かれていることを示すフレーズがある文中の単語は重要である）などを基に計算される．

しかし，この方法は必ずしもユーザが入力した検索キーワードに対して，多くのユーザを満足させるような検索結果のランキングを返すことができるとは限らなかった．例えば，企業のホームページは，視覚的な見栄えを重視する傾向があるため，必ずしもトップページにその企業を代表するキーワードが何度も使われているとは限らなかった．また，そのトップページにおいて，わざわざ企業名に対してアンカーを付与することもなかった．そのため，単語の頻度情報や文書スタイルを用いた手法が，必ずしも有効に機能するとは限らなかった．

4.1.7 PageRank

PageRank の基礎

前項で説明したような状況の中，1998 年に画期的なランキングアルゴリズムが開発された．それが，**PageRank** である．PageRank は，ペイジ（Larry (Lawrence) Page）とブリン（Sergey Brin）によって開発された [39], [40]．1990 年代の後半，検索エンジンを提供する企業は出そろい，さらなる新規参入は困難だと思われていたが，PageRank を基に開発された商用検索エンジンの Google が，その後の覇権を握ったのは周知の事実である．Google がそれまでの検索エンジンにとって代わることができたのは，PageRank の性能の高さにある．PageRank は，ランキングを求めるのに，Web ページの内容は見ない．代わりにそのページが，どのページからリンクされているのかと，どのページにリンクしているのかというネットワーク（グラフ）情報を見る．これが，それまでのランキングアルゴリズムと大きく違う点である．

PageRank の手法

PageRank の手法の概要を示す．まず，PageRank は以下の設計思想を持っている．

(1) 重要なページは，多くの人（Web ページ）からリンクされている．

(2) 重要なページ（多くの Web ページからリンクされているページ）からのリンクは価値が高い．

(3) 1 つのページから多くのページにリンクを張るほど，それらのリンクの価値は低くなる．

この設計思想を，形式的に書くと以下のようになる．

1. 各ページは，固有の得点 s を持っている．各リンクも，固有の得点 e を持っている．なお，これらの得点は，繰り返し計算による更新していくことに注意せよ．最初は初期値が設定されているものとする（例えば全て 1）.
2. あるページ k の得点を s_k とする．他のページからそのページに張られているリンクが n 個あるとして，各リンクの得点を $e_{k,1}^{(i)}, e_{k,2}^{(i)}, \ldots, e_{k,n}^{(i)}$ とする．また，そのページから他のページに張っているリンクが m 個あるとして，各リンクの得点を $e_{k,1}^{(o)}, e_{k,2}^{(o)}, \ldots, e_{k,m}^{(o)}$ とする．なお，(i) と (o) はべき乗を意味するのではなく，単にリンクの種類を入ってくる方 (i) と出ていく方 (o) に区別するための識別子に過ぎないことに注意せよ．
3. このとき，s_k と $e_{k,j}^{(o)}$ は以下のように計算される．

$$s_k = \sum_{j=1}^{n} e_{k,j}^{(i)}, \qquad e_{k,j}^{(o)} = \frac{s_k}{m}$$

4. 全ての k に対して，3. を繰り返し計算する．ここで，更新前の s_k の値を s'_k とすると，$(s_k - s'_k)^2 \geq P$ (ただし P は閾値（しきいち）) であるならば，繰り返し計算を続行し，そうでないならば終了する．
5. 繰り返し計算を終えた後の s_k の値が，ページ k の PageRank のスコア，すなわちページの重要度を意味する．

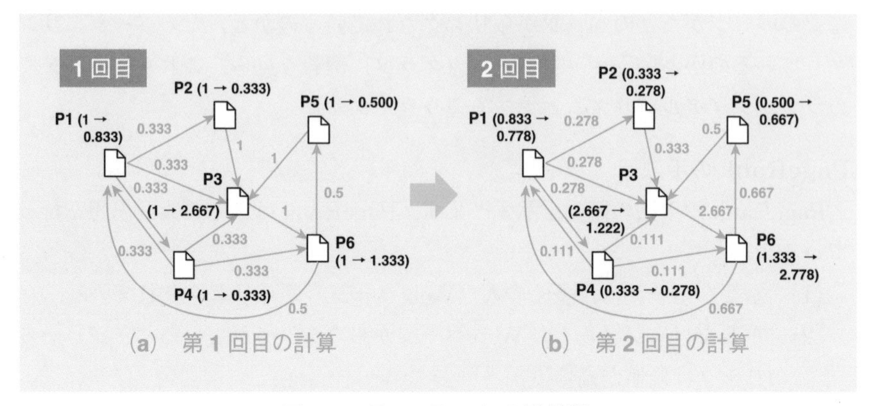

図 4.7　**PageRank の計算例**

PageRank の動作例

図 4.7 のネットワーク例を使って，実際の動作を見てみる．P1〜P6 の 6 つの Web ページがあったとする．矢印はリンクを表す．最初は，どのページにも均等に PageRank のスコアが 1 ずつ与えられているものとする（図 4.7(a)）．P1 のページに着目する．始めは P1 の PageRank のスコアは当然 1 である．このページからは P2，P3，P4 にリンクが張られているので，それぞれのリンクの得点は 1/3，すなわち 0.333 になる．次に P3 のページに注目する．このページは，P1 と P2，P4，P5 からリンクが張られている．それぞれの PageRank は 1 であるので，P1 からは 0.333 の得点を，P2 からは 1 の得点を（P2 から出ているリンクは 1 つしかないため），P4 からは 0.333 の得点を（P4 からは 3 つのリンクが出ているため），P5 からは 1 の得点を（P5 から出ているリンクは 1 つしかないため）受け取る．すなわち P3 のページの PageRank は，これらの合計の 2.667 となる．

同様の計算を他のページに対しても行うと，各ページの PageRank は図で示したように，(0.833, 0.333, 2.667, 0.333, 0.500, 1.333) に変化する．次の繰り返しでは，同様の計算を行うことで，図 4.7(b) のようにスコアが変化する．すなわち，2 回目の繰り返し計算が終了した時点では，各ページの PageRank は (0.778, 0.278, 1.222, 0.278, 0.667, 2.778) となる．

これを繰り返していくと，最終的な PageRank のスコアは，(1.001, 0.336,

1.673, 0.336, 0.891, 1.763) となる．確かに，流入リンクを 4 つ持っている P3 のスコアが高くなっており，また，流入リンク数は少ないもののスコアの高い P3 からのリンクを持つ P6 のスコアも高くなっていることが分かる．一方，流入リンク数が 1 つしかない P2 と P4 は PageRank のスコアが低く，流入リンク数が 1 つしかないものの，PageRank のスコアの高い P6 からのリンクを得ている P5 は，P2 や P4 に比べると高いスコアとなっている．これらのことから，直感的に PageRank のスコアはページの重要度を表していることが分かる．

なお，実際の PageRank のアルゴリズムでは，ダンピングファクタ（dumping factor）d と呼ばれるパラメータがある．これは，各繰り返しにおける PageRank のスコアの計算のときに，流入リンクの影響を調整するパラメータである．このパラメータを導入した後のページのスコアの更新式は以下のようになる．

$$s_k = (1-d) + d\sum_{j=1}^{n} e_{k,j}^{(i)}$$

d を 0.85 に設定した場合の，最終的な PageRank のスコアは，(1.660, 0.831, 2.441, 0.831, 1.490, 2.065) となる．P6 よりも流入リンク数の多い P3 の方がスコアが高くなっており，こちらの方がより直感に近い値になっている．

PageRank の社会性

以上のように PageRank はその手法の単純さに対して，得られる重要度のランキングは，人間の直感的な価値とかなり一致していることが分かる（もちろん上の例では，ページの内容は見ていないため，ページの内容の質を保証するものではない）．しかし，多くの人々が付与したリンクから得られたネットワークを概観したときの重要度の印象とは一致していることが分かる．自分の HP にリンクを張ってくれるのは他の誰かの行為であり，また自分は他の誰かの Web ページにリンクを張る．PageRank は，多数のユーザのリンク付けを協調的な行為と見なす．群集（他のページ）の判断が Web ページの重要度の推定に寄与していると言える．PageRank に基づく現在の検索エンジンは，協調型 Web サービスの 1 つであると言える．

4.2 情報推薦

4.2.1 情報推薦（レコメンデーション）とは

コンピュータが，ユーザの長期的な興味や嗜好（しこう）を自動で学習し，それを基にユーザが気に入りそうな（興味を持ちそうな）商品やコンテンツ，情報など（以下，専門分野の慣習に倣って「アイテム」と呼ぶ）を提示することを**情報推薦**（information recommendation）と言う．e-commerce サイトやニュースサイトを訪れると，たいてい「あなたへのおすすめ」という形式で商品や記事が推薦されるが，このような機能は全て情報推薦と言える．情報推薦という概念には，様々な呼び方がある．ビジネスの文脈からは**レコメンド**（recommend）と呼ばれる．また，レコメンドを行うシステムを**推薦システム**またはレコメンダ（recommender system）と言う．マーケティングの観点で言うと，**ワントゥワンマーケティング**（one-to-one marketing）とも呼ばれる．一般に，ワントゥワンマーケティングは，顧客一人ひとりの興味や嗜好，属性などを考慮して，顧客に対して個別にマーケティングを行うことを指す．必ずしもコンピュータを用いて自動で行う必要はないが，マーケティングにかかるコストを考えると，推薦システムにより自動で行われることが多い．

また，情報推薦はパーソナライゼーションの1つと捉えられることも多い．**パーソナライゼーション**（personalization）とは，何かを個人向けに自動でカスタマイズ（自分に合った内容や形式に構成する）することを意味する．例えば，ユーザの操作履歴からスマートフォンの UI をカスタマイズしたり，日本語入力において変換する単語（漢字）の提示をカスタマイズしたりすることが挙げられる．情報推薦は，商品やコンテンツ，情報などの提示を，個人ごとにカスタマイズしたものと捉えることができ，一種のパーソナライゼーションであると言える．新聞やビジネス誌，その他様々なメディアにおいて，レコメンドとパーソナライズという言葉は，かなり近い文脈で用いられることも多いが，実際にはレコメンドは，パーソナライズに包含される概念関係にあると言える．

4.2.2 一時的個人化と永続的個人化

情報推薦（広義にはパーソナライゼーション）には，大きく分けて2つのレベルがある[41]．1つは**一時的個人化**（ephemeral personalization）である．これは，「この商品を買った人は，この商品も買っています」というように，今自分が買おうとしている商品があったときに，合わせて購入した方がよい商品を推薦するものである．もう1つは**永続的個人化**（persistent personalization）である．これは，e-commerceサイトのトップページなどに表示される「あなたへのおすすめ」に相当する．ユーザの過去の購買履歴に基づいて，このユーザがまだ購入していないが，興味を持つと思われる商品を推薦する．すなわち永続的個人化は，過去の買い物（情報閲覧）も含めて，長期的なユーザの興味や嗜好(しこう)の情報を獲得し続けて，その人が本来好むであろうアイテムを推薦することを指す．

一時的個人化の実現には，相関ルール（マーケットバスケット分析）[42]が用いられていることが多い．相関ルールは，複数のユーザの商品と商品を購入した組合せ（1回の買い物での同時購入であったり，一定期間内における両方の購入であったりする）の回数をカウントしていき，その頻度の高い順に商品を推薦するという方式である．これも複数ユーザの購買履歴を用いているため，協調型Webサービスの1つと言える．

永続的個人化を実現する方式には，コンテンツに基づくフィルタリング（content-based filtering）と，協調フィルタリング（collaborative filtering）の2種類がある．前者は，推薦するアイテムの内容に基づき，アイテムの取捨選択を行う．後者は，ネットワーク上に存在する同じ好みを持ったコミュニティを発見し，そのコミュニティが共通して好むアイテムを選択する．以降の項で，これらを順に説明する．

4.2.3 コンテンツに基づくフィルタリングの概要

コンテンツに基づくフィルタリングは，アイテムの内容に基づき推薦を行う．アイテムからはアイテムの内容に関する特徴を抽出し，ユーザからもユーザの興味や嗜好に関する情報を抽出する．これらを照らし合わせることにより，推薦するアイテムを決定する．コンテンツに基づくフィルタリングの概要を図4.8に示す．上で述べたように，まず推薦対象のアイテム（コンテンツ）からコンテンツの特徴量を抽出する（図4.8下）．コンテンツがテキストの場合は，キーワードの出現頻度などで表される．音楽データや映像データなどのマルチメディアコンテンツの場合は，テンポや周波数成分，色情報や差分画像情報などになる．抽出した特徴量は，通常ベクトル形式で保存される（**コンテンツモデル**と呼ぶ）．ユーザからも，そのコンテンツに対する評価やアンケートなどから，そのユーザの長期的な興味・嗜好(しこう)を表現するモデルを作成する．このモデルは**ユーザプロファイル**と呼ばれ，通常はコンテンツモデルを表現するのに使用した特徴量が用いられる．ユーザプロファイルも，コンテンツモデルと同様にベクトル形式で保存されることもあるが，機械学習の手法により一般化した形式で保存されることも多い．推薦は，コンテンツモデルとユーザプロファイルを比較／照合することで行われる．

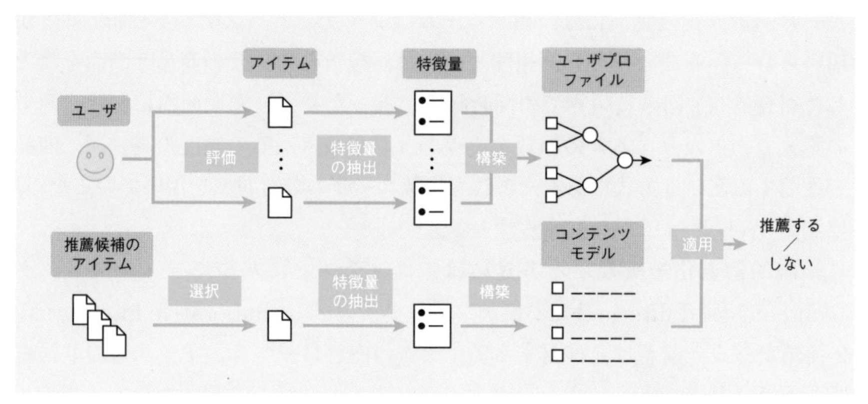

図 4.8　コンテンツに基づくフィルタリングの概要

4.2.4　ベクトル空間モデル

ベクトル空間モデルと tf-idf

コンテンツに基づくフィルタリングを実現する代表的な手法に，**ベクトル空間モデル** [43] がある．ベクトル空間モデルは，もともとは情報検索の分野で開発された方式であるが，情報推薦においてもよく利用される．この方式では，コンテンツモデル（アイテムの内容を表すモデル）とユーザプロファイルの両方をベクトルで表し，ベクトル空間上での距離（別の言い方をすれば、「類似度」）により，推薦するか否かを決定する．推薦対象のアイテムがテキストで表現されている場合は，コンテンツモデルもユーザプロファイルも，それらを表現するベクトルは単語の出現頻度で表される．

図 4.9 にテキストで表現されたアイテムに対するベクトル空間モデルによる推薦の方式を示す．この図にあるように，1 つのアイテム i は 1 つのベクトル $\boldsymbol{v}_i$ で表現される．以降，このベクトルをアイテムベクトルと呼ぶ．ベクトルの要素は単語 j であり，その値は，その単語の出現頻度を用いて計算された重み w_{ij} になる．代表的な重みづけの方法として tf-idf が挙げられる．**tf-idf** は，tf と呼ばれる文書中での単語頻度（term frequency）と idf と呼ばれる単語が出現する文書頻度の逆数（inverse document frequency）の積で表される．ここで，文書と表現したが，情報推薦では，文書はアイテムに相当する．ここでは，単語とアイテムという言葉を用いて，tf-idf の詳細を説明する．

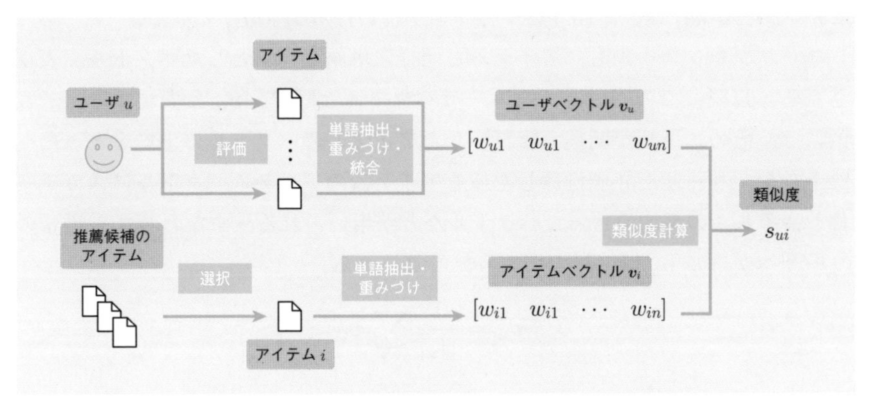

図 4.9　ベクトル区間モデルによる推薦方式の概要

単語 j のアイテム i における出現頻度(登場した回数)を f_{ij} とすると，tf_{ij} は，

$$tf_{ij} = f_{ij}$$

となる．また，単語 j を 含むアイテム数を m_j として，全アイテム数を M とすると，idf_j は

$$idf_j = \log \frac{M}{m_j}$$

となる．m_j が分母にあることにより，多くのアイテムで出現する単語は，その重みが小さくなるようになっている．もし，全てのアイテムで出現するならば，対数の中身は 1 になり，idf_j は 0 になる．すなわち，全く意味を持たない単語と見なされる．対数を用いている理由は，非常に限られたアイテムにしか

出現しない単語の重要度が大きくなり過ぎないようにするためである．ここで対数の底はネイピア数を用いることが多い（すなわち自然対数を用いることが多い）．単語 j のアイテム i に対する $\mathit{tf\text{-}idf}_{ij}$ は，

$$\mathit{tf\text{-}idf}_{ij} = \mathit{tf}_{ij} \cdot \mathit{idf}_j$$

となる．直感的には，その単語が，あるアイテムで何度も出現していると，その単語はそのアイテム中で重要であると見なされる．なおかつ，その単語がある分野固有の語で，その分野でのみ出現するような場合は（すなわち，それほど多くのアイテムで出現しない場合は），さらに重要であると見なされる．図4.9における w_{ij} は，単語 j のアイテム i における $\mathit{tf\text{-}idf}_{ij}$ となる．

ユーザプロファイルも，アイテムと同様に単語を要素としたベクトルで表現される．以降，このベクトルをユーザベクトルと呼び，$\boldsymbol{v}_u$ と表現する．一般的には，そのユーザが閲覧（購買）したアイテムのベクトルの平均をとったベクトルや，ユーザが評価付けした値をアイテムのアイテムベクトルにスカラー倍し，それらの平均をとったベクトルなどが用いられる．すなわちユーザ u のユーザベクトル $\boldsymbol{v}_u$ は，以下のように計算される．

$$\boldsymbol{v}_u = \frac{1}{|I_u|} \sum_{i \in I_u} \boldsymbol{v}_i$$

または

$$\boldsymbol{v}_u = \frac{1}{|I_u|} \sum_{i \in I_u} r_{ui} \cdot \boldsymbol{v}_i$$

ただし，I_u はユーザ u が閲覧（評価）したアイテムの集合，$\boldsymbol{v}_i$ はアイテム i のアイテムベクトル，r_{ui} はユーザ u がアイテム i に対して付与した評価値である．

推薦を行うときには，ユーザベクトルとアイテムベクトルを用いて，対象のアイテム i がそのユーザ u にどれだけ近いかが計算される．これを類似度と呼び，s_{ui} で表す．類似度の計算には，コサイン類似度がよく用いられる．

$$s_{ui} = \cos(\boldsymbol{v}_u, \boldsymbol{v}_i) = \frac{\boldsymbol{v}_u \cdot \boldsymbol{v}_i}{|\boldsymbol{v}_u||\boldsymbol{v}_i|} = \frac{\sum_{j=1}^{n} w_{uj} w_{ij}}{\sqrt{\sum_{j=1}^{n} w_{uj}^2}\sqrt{\sum_{j=1}^{n} w_{ij}^2}}$$

ここで，$\boldsymbol{v}_u$ と $\boldsymbol{v}_i$ はベクトルであることに注意すること．また，n は特徴量の数（単語の種類数）を表す．s_{ui} はユーザとアイテムが類似していると1に近

くなる．この類似度の高い順にアイテムを推薦する．

適合性フィードバック

ユーザが新しい商品に対して評価付けを行うと，ユーザベクトルを更新する必要が出てくる．このユーザベクトルの更新は，情報検索における検索クエリ（検索式）の更新の概念に等しく，**適合性フィードバック**の手法が適用できる．更新後のユーザベクトル $\boldsymbol{v}'_u$ は，**Rocchio の式** [44]

$$\boldsymbol{v}'_u = \alpha \boldsymbol{v}_u + \frac{\beta}{|I_{L,u}|} \sum_{i \in I_{L,u}} \boldsymbol{v}_i - \frac{\gamma}{|I_{D,u}|} \sum_{i \in I_{D,u}} \boldsymbol{v}_i$$

により再計算される．ここで，$I_{L,u}$ と $I_{D,u}$ は，それぞれユーザが新たに高く評価したアイテムの集合と，低く評価したアイテムの集合である．

もし，ユーザがリッカート尺度（Likert scale）などで，正と負の 2 極からなるスケールでアイテムに評価付け r_{ui} をしている場合は（例えば，r_{ui} が $[-1, -1]$ の範囲であれば），更新式は，

$$\boldsymbol{v}'_u = \alpha \boldsymbol{v}_u + \frac{\beta}{|I_{R,u}|} \sum_{i \in I_{R,u}} r_{ui} \boldsymbol{v}_i$$

と書くこともできる（$I_{R,u}$ は，ユーザが新たに評価したアイテムの集合）．

4.2.5 協調フィルタリングの概要

協調フィルタリングとは，多数のユーザのアイテムに対する評価データを用いて，個々のユーザに適したアイテムを推薦する方式である．コンテンツに基づくフィルタリングと異なり，アイテムの内容を分析せずに，ユーザがアイテムに対して付与した評価値のみで推薦を行う．テキストデータとして表現されたアイテムだけでなく，音楽や画像，映像などのマルチメディアデータとして表現されたアイテムに対しても複雑なコンテンツ処理を必要とすることなく推薦できることが利点である．協調フィルタリングの方式は，大きくはメモリベース方式とモデルベース方式の 2 種類に分けることができる．メモリベース方式は，さらにユーザベース方式とアイテムベース方式に分けることができる．本書では，メモリベース方式についてのみ説明する．

協調フィルタリングの概要を図 4.10 に示す．ただし，この図では後述するメ

モリベース方式のうちの**ユーザベース方式**[45]の概要を示している．この例では，ユーザはアイテムに5段階（5：とても好き，4：まあまあ好き，3：どちらでもない，2：あまり好きではない，1：嫌い）で興味や嗜好（しこう）の程度を入力しているものとする．ユーザのアイテムに対する評価値の情報は，行列として表現できる．ただし，ユーザは全てのアイテムに対して評価付けを行っているとは限らないため，この行列には空欄が存在する．

この図ではユーザAのアイテムcに対する予測評価値を求めている．協調フィルタリングでは，まず対象ユーザと好みの近いユーザ（ここでは，ユーザDとユーザE）を特定する．好みの近さは，図の行列の行をベクトルとしたベクトル間の類似度として計算される（この例では，この類似度にピアソンの積率相関係数を用いている）．次に，好みの近いユーザが，対象のアイテムにどのような評価値を付けていたかに基づいて，予測評価値が計算される．この例では，ユーザDとユーザEがアイテムcに付けた評価値と，ユーザAとユーザD（およびユーザE）の類似度を用いて，予測評価値が計算される．このようにして，ユーザがまだ評価していないアイテムの評価値を予測する．

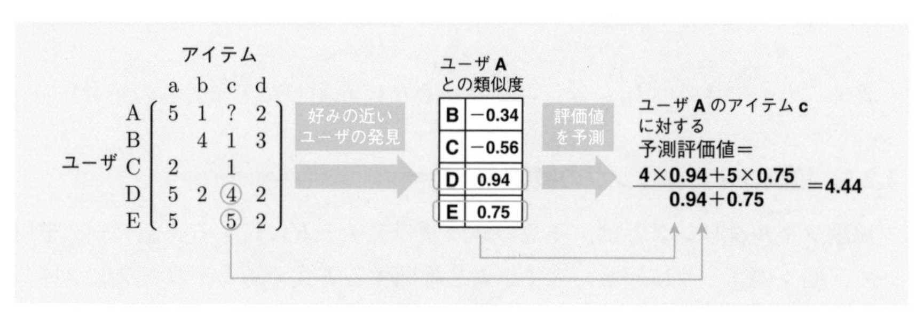

図 4.10　ユーザベースの協調フィルタリングアルゴリズムの動作例

4.2.6 ユーザベース方式

ユーザ集合を$U = \{u_1, u_2, \ldots, u_n\}$，アイテム集合を$I = \{i_1, i_2, \ldots, i_m\}$とし，ユーザ$u_j$がアイテム$i_k$に付けた評価値を$r_{u_j i_k}$とする．

ユーザベース方式のアルゴリズムは以下のようである．

- **近傍形成**　u_tを対象ユーザ（active user または target user と呼ばれる）としたとき，それ以外の全ての$u_o \in U\backslash\{u_t\}$に対する類似度$\mathrm{sim}(u_t, u_o)$

が，評価値ベクトル $\boldsymbol{r}_{u_t}$ と $\boldsymbol{r}_{u_o}$ の類似度に基づいて計算される．一般的には，$\mathrm{sim}(u_t, u_o)$ の計算にはピアソンの積率相関係数やコサイン類似度が用いられる．最も似ているユーザ上位 M 人が u_t の近傍メンバになり，その集合 $\mathrm{neighbor}(u_t) \subseteq U$ を $\acute{U}_t$ と表す．

- **評価値予測** $u_o \in \acute{U}_t$ が評価を付けており，かつ u_t がまだ評価を付けていないアイテムの集合を $I_k \subseteq I$ とする．$i_k \in I_k$ に対して，嗜好（しこう）の予測値 $\widehat{p}_{u_t i_k}$ が計算される．

$$\widehat{p}_{u_t i_k} = \overline{r}_{u_t} + \frac{\sum_{u_o \in \acute{U}_t} \mathrm{sim}(u_t, u_o)(r_{u_o i_k} - \overline{r}_{u_o})}{\sum_{u_o \in \acute{U}_t} |\mathrm{sim}\,(u_t, u_o)|}$$

$$\acute{U}_t := \{u_o \mid u_o \in \mathrm{neighbor}(u_t)\}$$

$$\overline{r}_{u_o} = \frac{1}{\sum_{h=1}^{m} \delta(r_{u_o i_h})} \sum_{h=1}^{m} r_{u_o i_h}$$

ただし，上記の $\overline{r}_{u_o}$ の計算式（$\overline{r}_{u_t}$ を求めるときにも同じ計算式を用いる）において，総和後に平均をとるときには，m の値をそのまま使うのではなく，評価値のあるデータの個数 $\sum_{h=1}^{m} \delta(r_{u_o i_h})$ を用いている（関数 δ は，指定した変数に値が入っていれば 1 を，入っていなければ 0 を返す関数とする）．最終的に，個々のアイテムの予測評価値 $\widehat{p}_{u_t i_k}$ に基づいて上位 N 個の推薦リスト $L_{p_t} : \{1, 2, \ldots, N\} \to I$ が出力される．L_{p_t} は，ユーザ u_t に対して，順位を与えればそれに対するアイテムが一意に特定される写像を表す．

4.2.7 アイテムベース方式

ユーザベース方式の問題は，上記のような類似度の計算とそれに基づくアイテムの予測評価値の計算をオンラインで行わないといけない点にある．すなわち，ユーザ u_t に対して推薦を行おうとすると，ユーザ u_t とそれ以外の全てのユーザ $u_o \in U \backslash \{u_t\}$ との類似度を計算しなくてはならない．ユーザの興味や嗜好は時間とともに更新されるため，毎回この計算を行う必要がある．しかし，これには膨大な計算コストを要する．これに対して，推薦時にこのような類似度計算を行うのではなく，事前にオフラインで計算することにより，推薦時のリアルタイムな計算時間を削減する方法が提案されている．この代表的な手法が，**アイテムベース方式**[46] の協調フィルタリングである．

アイテムベース方式の協調フィルタリングは，アイテム間の類似度が計算される．また，この計算をユーザに推薦するときではなく，事前に行っておく．ユーザの嗜好(しこう)や興味のデータは，ユーザの評価履歴が増えるにつれて，更新されていくため，ユーザ間の類似度は変化しやすいと言える．一方，アイテム間の類似度は，1つのアイテムは多数のユーザにより評価付けされていることもあり，短い期間では大きく変化するものではない．そのため，アイテム間の類似度は事前に計算しておくことが可能なのである．その利便性から，多くの商用サービスで用いられている．

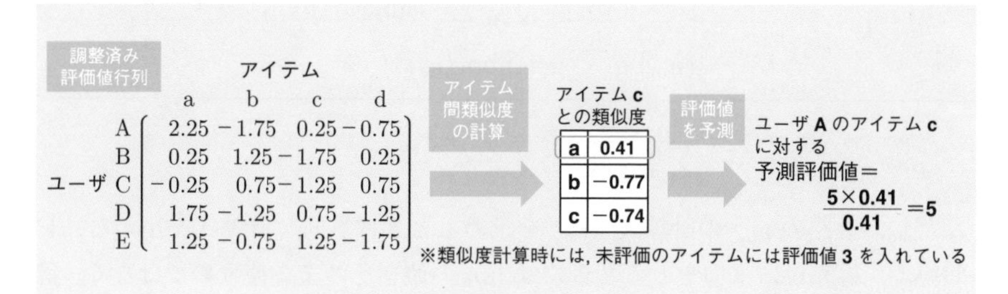

図 4.11　アイテムベースの協調フィルタリングアルゴリズムの動作例

具体的には，2つのアイテム i_j と i_k において，i_j に高い評価を付けているユーザ群が i_k にも高い評価を付けがちである場合に，これら2つのアイテム間の類似度が高くなる．また，i_j に低い評価を付けているユーザ群が i_k にも低い評価を付けがちである場合にも，これら2つのアイテム間の類似度が高くなる．このような類似度の計算には，以下のような調整済みコサイン類似度（ユーザごとに評価値からユーザの平均評価値を引いて求めたコサイン類似度）を用いる．

$$\mathrm{sim}(i_j, i_k) = \frac{\sum_{u \in U}(r_{ui_j} - \overline{r}_u)(r_{ui_k} - \overline{r}_u)}{\sqrt{\sum_{u \in U}(r_{ui_j} - \overline{r}_u)^2}\sqrt{\sum_{u \in U}(r_{ui_k} - \overline{r}_u)^2}}$$

$$\overline{r}_u = \frac{1}{m}\sum_{j=1}^{m} r_{ui_j}$$

図4.10の評価値行列に対して，アイテムベースの協調フィルタリングを適用したときの動作例を図4.11に示す．この例では，ユーザ u ごとに評価値の平均 $\overline{r}_u$ を出し，各アイテム i_j に対する評価値 r_{ui_j} からその平均値を引いている（未

評価のアイテムには評価値3を入れて，すべてのアイテムに評価値があるものとして計算している）．計算後の評価値を行列形式で表現したものが，調整済み評価値行列である．これを基に計算すると，アイテム (a, b)，(a, c)，(a, d) 間の調整コサイン類似度は，0.41，−0.77，−0.74 となる．

各アイテム i_k に対して最も似ているアイテム上位 M 個が近傍 neighbor$(i_k) \subseteq I$ となる．この集合を $\acute{I}_k$ と定義する．ユーザ u_t のアイテム i_k に対する予測評価値 $\widehat{p}_{u_t i_k}$ は以下のように計算される．

$$\widehat{p}_{u_t i_k} = \frac{\sum_{i \in \acute{I}_k} \mathrm{sim}(i, i_k) r_{u_t i}}{\sum_{i \in \acute{I}_k} |\mathrm{sim}\,(i, i_k)|}$$

$$\acute{I}_k ;= \{i \mid i \in \mathrm{neighbor}(i_k)\}$$

この式から，注目するアイテム i_k と似たアイテムに，注目するユーザ u_t が高く評価していれば，$\widehat{p}_{u_t i_k}$ は高くなるようになっており，逆に低く評価していれば，$\widehat{p}_{u_t i_k}$ は低くなるようになっていることが分かる．上位 N 個の推薦リスト $L_{p_t} : \{1, 2, \ldots, N\} \rightarrow I$ の最終的な計算は，ユーザベースの協調フィルタリングの手順に従う．

4.2.8 協調フィルタリングと社会性

以上で説明してきたように，協調フィルタリングは推薦対象のアイテムの中身を見ずに推薦を行うアルゴリズムである．中身が何であるか分からないまま，その商品を顧客に推薦するという考えは，一見無謀なように思われる．しかし，推薦対象のユーザがこれまでに十分にアイテムを評価付けしてきた（消費してきた）場合は，Web（サービス）上の他人の評価値データを用いることで，非常に高い精度で推薦を行うことができる．アイテムのドメインや利用者数にも依存するが，内容に基づくフィルタリングが協調フィルタリングを上回る性能を発揮するのは簡単ではない．さらに近年，行列因子分解法（Matrix Factorization）と呼ばれる，より高度なアルゴリズムが開発され，その推薦性能はさらに向上している．情報推薦は，Web の協調性が高度なサービスを生んだ事例の1つであると言ってよい．

演習問題

問題 1　検索エンジンを実現するための主要な4つの処理を挙げ，それぞれの内容を簡潔に説明せよ．

問題 2　検索エンジンにおけるクローリングでは，どのような処理が行われているのかを具体的に述べよ．

問題 3　検索エンジンにおけるインデキシングでよく用いられる形態素解析，不要語リスト（stop word list），ステミングの3つの処理について，それぞれ簡潔に説明せよ．

問題 4　検索エンジンで用いられる転置ファイルとはどのようなものかを簡潔に説明せよ．

問題 5　下記の図のネットワークにおいて，繰り返し計算の1回目における各リンクの重みと計算後の各ページのPageRankの値を求めよ．さらに繰り返し計算の2回目における各リンクの重みと計算後の各ページのPageRankの値を求めよ．

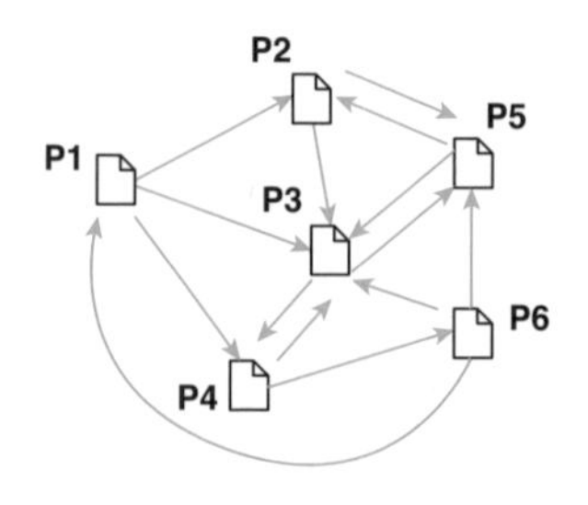

問題 6　コンテンツに基づくフィルタリングと協調フィルタリングの違いを簡潔に説明せよ．

問題 7　コンテンツに基づくフィルタリングの処理手順を簡潔に説明せよ．

問題 8　ユーザベースの協調フィルタリングアルゴリズムの処理手順を簡潔に説明せよ．

問題 9　アイテムベースの協調フィルタリングアルゴリズムの処理手順を簡潔に説明せよ．

第5章

ネットワーク科学

人は，人と人とのつながりの中で暮らしており，ときにそれを有効活用する．例えば，仕事で何か困っていることがあれば，それについて助言してくれそうな人を人づてに尋ねたり，新しい車を買うのに知り合いに紹介された営業マンに連絡を取ったりすることはよくあるであろう．このような行動を行うのは，つながりを利用すれば，簡単にコンタクトすべき相手に出会うことができ，またコンタクト後も相手が受け入れてくれやすいことを知っているからである．高度に発展した人間社会においては，人々は複雑だが意味のあるつながりの中で活動を行っている．このようなつながりを分析すれば，社会に有益な知見を発見でき，それを利用して我々の生活をより豊かにしてくれるようなサービスを開発することもできる．しかし，これまでこのようなつながりは，それぞれの人の心の中にあり，第三者がアクセスすることはできなかった．近年，Webとソーシャルメディアの出現により，そのようなつながり，いわゆるネットワークが，コンピュータ上で明示的に公開されるようになった．そのため，そのつながりの特性や生成メカニズムに，研究者の関心が向かうことになった．そして，これまで主に社会学の分野で興味を持たれていた人と人とのつながり（社会ネットワーク）が，計算機科学や物理学の分野でも研究されるようになった．本章では，人の友人関係に関する古典的な研究事例を紹介する．さらに，現実のネットワークに見られる3つの特徴，具体的なネットワーク評価指標，そしてそのようなネットワークを人工的に生成するモデルについて説明する．

 スモールワールド実験

我々は，しばしば「世間は狭い」という言葉を使う．実際，初めて会った人が偶然にも自分の知人の知り合いであったということは，誰にでも経験があるであろう．例えば，大学での自分の指導教員が同じ中学校の出身で，同じ先生に英語を教えてもらっていたり，自分の妻（夫）の友達が自分の会社の同僚であったりといったエピソードは，誰もが1つや2つは持っているはずだ．すなわち，自分とは遠い関係だと思っていたのに，これまでの過去の友人のつながりをたどってみると，意外と近い関係であったときに使われる言葉である．

このような経験から，人々は，人は誰に対してでも意外と近い距離でつながっているのではないかと考えるようになった．特に社会学者は，20世紀の初頭から，そのような現象が起こる可能性に強い興味を抱いていた．それを確かめるのに，最も有名な実験を行ったのは，社会心理学者のミルグラム（Stanley Milgram）である．彼は，1967年に**スモールワールド実験**（small world experiment）という実験を行った[47]．これは，世界（実験ではアメリカ）中の人々から任意の2人を選んだときに，その片方の人から知り合いをたどり，さらにその知り合いをたどっていくと，意外に近いステップ数でもう片方の人にたどり着くのではという仮説を検証するものであった．具体的には，人から人に直接に手紙を受け渡していくことにより，任意の人と人の間の距離を計測した．具体的な実験方法は以下の通りである．

1. アメリカ・ネブラスカ州のオマハという町の住人にランダムに手紙を送り，これを2,300 kmほど離れたマサチューセッツ州のボストンに住むある株仲買人（これを受取人と呼ぶ）に手渡しで渡して欲しいと頼む．
2. その手紙には受取簿がついており，被験者は受け取ったら，そこに自分の名前を追記する．
3. 被験者は，受取人と知り合いであれば（アメリカでの実験なので，「ファーストネームで呼び合う仲」というのが，「知り合い」の定義），直接に受取人に手渡す．
4. 被験者は，受取人と知り合いでなければ，その受取人を知っていそうな友達や親せきにその手紙を転送する．

5. 最終的に，手紙が受取人にたどり着いたら，受取簿に書いてある名前の数を確認し，人のつながり上の隔たりを計算する．

彼は，296 通手紙を送ったところ，実際に受取人に着いたのは，64 通であった（ミルグラムは何回か実験を試みているが，本書では文献 [47] の結果を紹介する）．受取簿の数を見ると，3 ステップ（仲介者数は 2 人）ほどの短い距離でたどり着いた場合もあれば，10～11 ステップ（仲介者数は 9～10 人）かかったものもあった．そして，その平均は 6.5～7 ステップ程度（仲介者数は 5.5～6 人程度）であった（図 5.1 参照）．まさに「世間は狭い」ということを確信するに至るような結果であった．これに続き，他の多くの研究者も同様の実験を行った．これらの実験の結果を平均すると，やはり人と人との間の仲介者数の平均は 5～7 程度であった．そして，これらの結果は，人々は 6 人程度の仲介者でつながっているということを表す「**6 次の隔たり**（six degrees of separation）」という言葉を生み出した．また，このように少ないステップ数で（仲介者数で）任意の人同士がつながることを**スモールワールド現象**（small world phenomenon または small world effect）と呼ぶようになった．

これらの実験結果は，当時の研究者には驚くべきものであったが，いずれの実験も，ある人からある人への手紙の転送と言う手段で人々のネットワークを断片的に分析したに過ぎず，ネットワーク全体を包括的に分析したものではなかっ

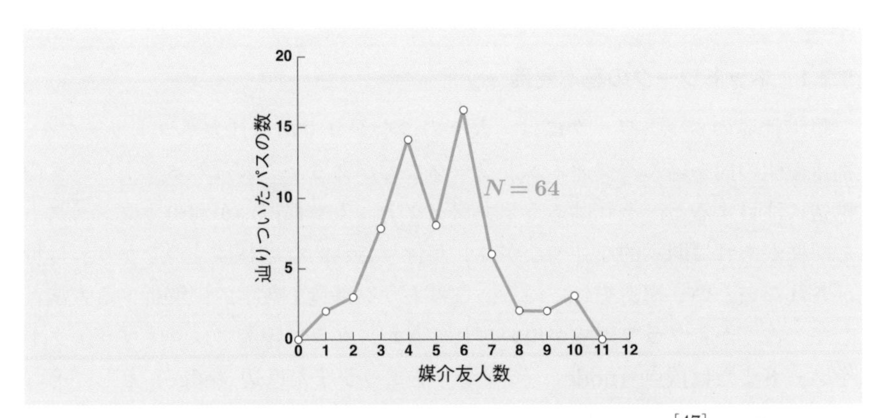

図 5.1　ミルグラムによるスモールワールド実験の結果 [47]．実際に受取人にたどり着いた 64 通における仲介者数のヒストグラムを表している．

た．すなわち，そのネットワークのごく限られた範囲内での試行を何度か繰り返したに過ぎなかった．手紙がたどり着いたパスの中であっても，個々の仲介者は受取人に最も近い友人を把握しているはずがなく，あくまで自分の知っている範囲で，受取人に近そうな人を推測したに過ぎない．そのため，実験で得られたパスのステップ数は，本当の社会ネットワークにおける最短距離（5.3.2項参照）であるとは限らない．それが理由かどうかは分からないが，その後はこのスモールワールド実験に関する研究は，注目されなくなった．

5.2 ネットワークの基本要素と基本特性

前節のスモールワールド実験で採り上げた人と人とのつながりは，現実世界に存在するネットワークの1つである．**現実世界のネットワーク**[†1]（**実ネットワーク**）は他にも，情報と情報のネットワーク（Web）やモノとモノのネットワーク（例えば配送基地局のネットワーク）など様々なものがある．現実世界のネットワークには，いくつか興味深い共通する特性がある（ただし，全てのネットワークが，これらの特性を全て併せ持つとは限らない）．前節で紹介したスモールワールド現象もその特性の1つである．この節では，現実世界のネットワークに見られる代表的な3つの特性を紹介する．また，それらの特性の説明に先立ち，ネットワークを構成する基本要素について説明する．

5.2.1 ネットワークの基本要素

現実世界のネットワークには，人々のつながりである社会ネットワークや，都市や駅の間を結んだ交通ネットワークなどがある．これらのネットワークの構造に注目すると，それはあるオブジェクト（人や都市）が別のオブジェクトと関係があれば明示的な「つながり」が付与され，なければ「つながり」は付与されないという構造をしている．このような構造を数学的に解析する方法として，古くから**グラフ理論**が用いられてきた．グラフ理論では，オブジェクトを**ノード**または**頂点**（node），つながりを**エッジ**または**辺**（edge）とし，それらが組み合わさったものを**グラフ**（graph）と呼ぶ（図5.2参照）．グラフ理論

[†1] ネットワークを数学的な理論により解析するアプローチ（グラフ理論）に対比させ，実世界と仮想世界を問わず実在するネットワークを「現実世界のネットワーク」と呼ぶ．

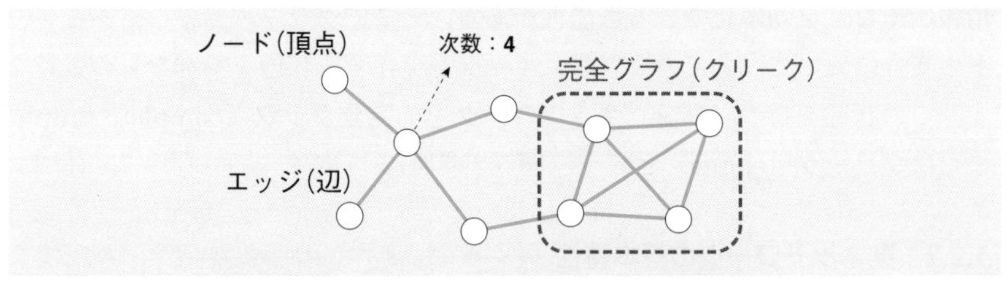

図 5.2 ネットワーク（グラフ）の構成要素

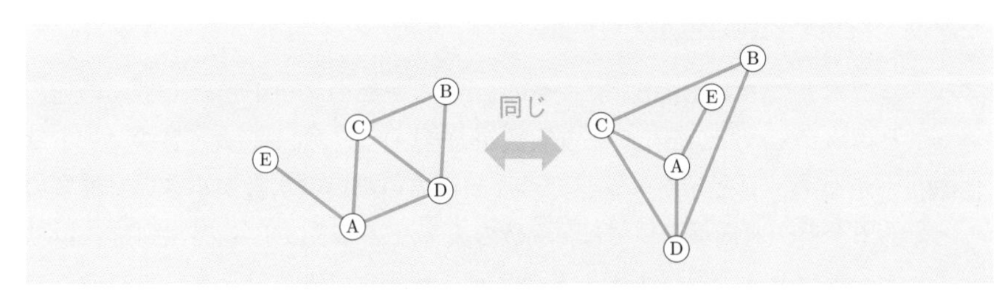

図 5.3 トポロジーの概念

で注目するのは，オブジェクト同士のつながり方である．そのため，図 5.3 のようにつながり方が同じであれば，紙の上での表現上の位置の違いはあったとしても，異なるネットワークとは見なさない．このような考え方を**トポロジー**（topology）またはネットワークトポロジー（network topology）と言う．

Web のネットワークや，Twitter のフォローネットワークでは，相手からの承認なしに，ページにリンクを張ったり，人をフォローしたりすることができる．この場合，エッジには向き（direction）が存在する．このようにエッジに方向があるグラフのことを**有向グラフ**（directed graph）と言う．一方，Facebook のような相手が承認しない限りは友達登録できないようなサービスでは，エッジに向きは存在しない．このようにエッジに方向がないグラフのことを**無向グラフ**（undirected graph）と言う．交通機関のネットワークだと，エッジに所要時間や距離のような値（重み）が付与されていることもある．また，それぞれのノードが持つエッジの数を**次数**（degree）と言う（図 5.2 参照）．

現実世界のネットワークの性質を考えるときには，互いに密に結び付きあった部分に注目することがある．例えば，人と人のつながりのネットワークであれば，仲のよい友達グループに相当し，これを発見できればマーケティングや情報伝達などを効率化できる可能性がある．そこでグラフ理論では，あるノードの集合において，全ての要素間にエッジが存在する状態を特別なものと見なす．この状態を持つ（部分）ネットワークを，**完全グラフ**（complete graph）または**クリーク**（clique）と言う（図5.2参照）．

5.2.2 実ネットワークの基本特性

前項で定義した基本的な用語を用いて，現実世界のネットワークでよく見られる3つの基本特性を紹介する．

スケールフリー性（scale-free networks）：一部のノードがたくさんの他のノードとエッジでつながっている（次数が大きい）のに対し，大多数のノードは他のわずかなノードとしかエッジでつながっていない（次数が小さい）性質のことである[48]．有向グラフでは，次数の大きなノードは「ハブ」や「オーソリティ」とも呼ばれる[49]．人と人とのネットワークである社会ネットワークを考えても，我々の周りには友人の多い人もいれば，限られた友人と大切な関係を構築している人もいる．友人の極端に多い人は限られ，多くの人にとって友人と呼べるのはせいぜい百人程度と考えられる．また，Webにおいても，多くの他のページからリンクを集めているページもあれば，情報に価値がなく他のページからのリンクが全くないページもある．ここでも，大多数のページは他のページからのリンクはほとんどなく，ごく少数のページが非常に多くのページからのリンクを集めていると言える．このように，実ネットワーク中には非常に多くのエッジを集めている少数のノードと，ほとんどエッジのない大多数のノードが存在することが分かる．このような性質をスケールフリー性と言う．

スモールワールド性（small-world network）：ネットワークの規模自体は大きい（グラフ中のノード数が多い）にも関わらず，任意の2つのノードがわずかな数の他のノードを介するだけで接続されるという性質である[48]．すなわち社会ネットワークで言うと，任意の人同士の間はわずかな数の人を媒介することでつながることができるという性質である．社会ネットワークでの「6次の隔たり」はこの性質によるものである．スモールワールド性という言葉は，狭義には上記の性質を意味するが，広義には上記の性質と下に示すクラスタ性を含んだ概念になる．この言葉が出てきたときに，それがどちらの意味で用いているかは，研究者によって異なり，また文脈によっても異なってくるため，注意が必要である．

クラスタ性 (scale-free networks)：ネットワーク中に，ノード同士が互いに密に結び付きあった部分 (「サブグラフ」と呼ばれる) が存在するという性質である．スモールワールド性の定義にも書いたが，この性質は（特に欧米では）スモールワールド性として捉えられることも多い．英語名称として "closely-connected network" と書いたが，欧米ではあまり使われない表現である．社会ネットワークで言うと，ネットワーク中に多数の仲良しのネットワーク（コミュニティ）が存在する状態である．実は，任意の 2 つのノードがわずかな数のノードを介するだけで接続されるという性質と，ノード同士が互いに密に結び付きあった部分が存在するという性質は，現実世界のネットワークでは同時に見られることが多い．しかし，厳密には前者は満たさないものの，後者を満たすネットワークを人工的に作り出すことはできる．そのため，これらを別の性質として捉える研究者もいる．例えば，図 5.4 のような二次元の三角格子のネットワークでは，このような格子が無限に続くので，スモールワールド性は満たしていないが，ネットワーク中には無数の三角形の部分グラフ（3 つのノードが互いに結び付きあった部分グラフ）が存在するので，クラスタ性を満たすことになる．ただし，密に結び付きあった部分グラフをどう定義するかにより，クラスタ性を満たすか，そうでないかは変わってくる．例えば，4 つのノードの完全グラフ（クリーク）を密に結び付きあった部分グラフとすると，図 5.4 のネットワークはクラスタ性を満たさないことになる．

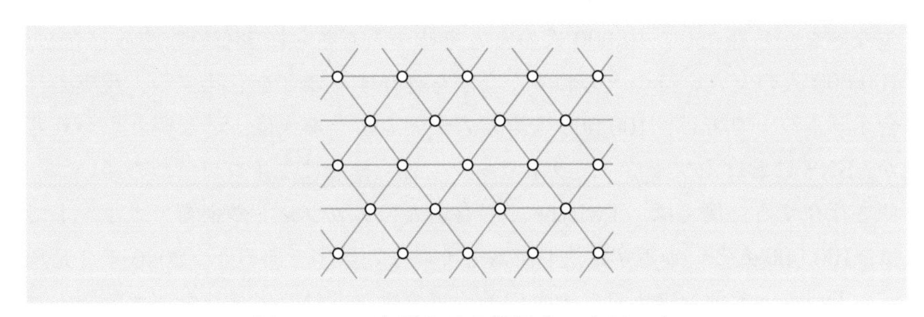

図 5.4 二次元の三角格子ネットワーク

5.3 ネットワーク評価指標

前節で，現実世界のネットワークに見られる代表的な特徴を示したが，本節ではもう少し厳密に，ネットワークの特徴を評価する指標を紹介する．いずれも，先に説明した代表的な3つの特徴に関連するものであるが，ここでは数式で厳密に定義することにする．

5.3.1 スケールフリー性に関する指標

本項では，スケールフリー性に関連する指標を紹介する．

次数分布とべき指数

ネットワークの特徴の中でも，ノードが持つエッジの数である次数は，特に重要なものである．ノードの次数を確率変数 k とおくと，次数の分布（以降，**次数分布**（probability distribution of degree））は，以下のような確率分布で表すことができる．

$$\{p(k)\} = \{p(0), p(1), p(2), p(3), \ldots, p(MAX)\}$$

$$0 \leq p(k) \leq 1, \qquad \sum_{k=0}^{MAX} p(k) = 1$$

現実世界のネットワークでは，この確率分布はべき分布と呼ばれる分布に従うことが多い．べき分布とは，平均値から外れた事例が，どれだけ確率変数を大きくしても，存在し続ける分布になる．社会ネットワークで言うと，大多数の人々は，それほど多くの友人を持っていないが，1,000人の友人を持つ人も少ないながら存在し，10,000人の友人を持つ人もさらに少ないながら存在し，100,000人の友人を持つ人もわずかながら存在することを意味する．現実の社会ネットワークでは，100,000人も友人がいるような人は，いないと思われるが，SNSにおけるフォローネットワークでは，極端にフォロワー数の多いユーザも存在する．例えば，Twitterでの有名人のアカウントや企業アカウントでは，100,000人という数字は決して珍しくはない数字であろう．2020年3月現在，Twitterで最もフォロワー数の多いアカウントは，アメリカ前大統領のバラク・オバマ氏で，1億1,000万人ものフォロワーがいる．

このような分布は，図 5.5 のような右に末広がりの分布になる．ただし，このグラフは本物のネットワークではなく，$[0, 10000]$ の範囲でべき分布に従うデータを 10,000 個ランダムに発生させたデータの度数分布（ヒストグラム）を示している．ここで，横軸は，ノードの次数 k を，縦軸は次数の区間における頻度 $p(k)$ を表していると考えることにする．このグラフを 1,000 を区間の単位として，区間の始点とその度数をそれぞれ変数として作成した散布図が図 5.6(a) になる．この縦軸と横軸の値に対して底が 10 の対数を取って書き直したグラフが図 5.6(b) になる．このようにべき分布に従うデータは，k（横軸）と $p(k)$（縦軸）の両対数をとったグラフを書くと直線関係になる．

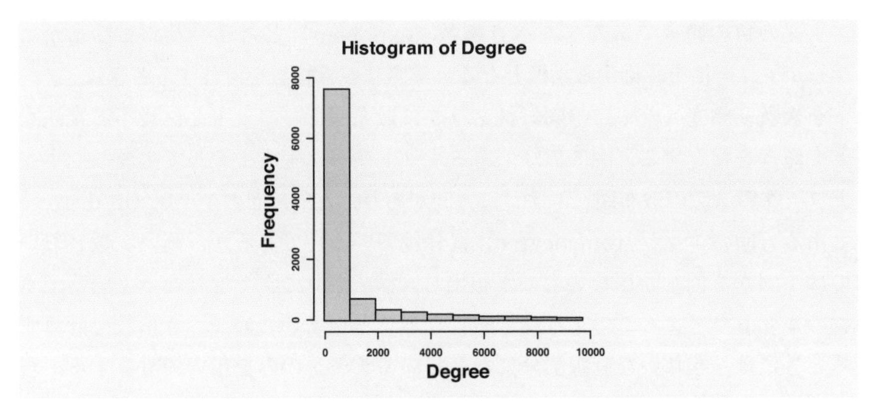

図 5.5　べき分布に従うデータのヒストグラムの例

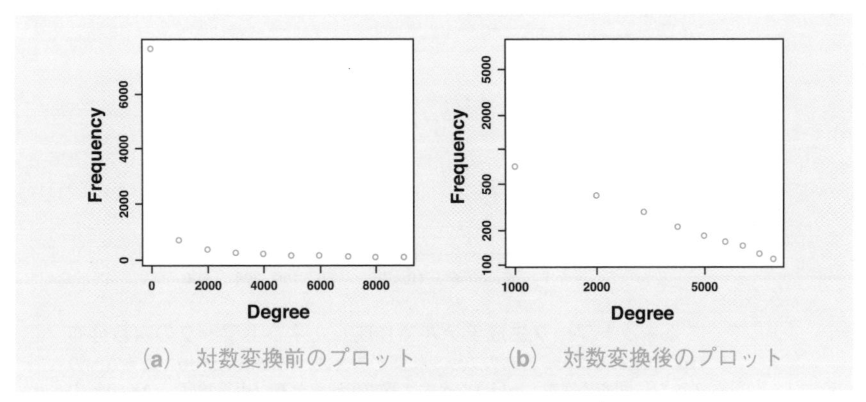

(a)　対数変換前のプロット　　(b)　対数変換後のプロット

図 5.6　べき分布に従うデータの散布図

一般にべき分布は，分布の曲線が $y = C/x^{\gamma}$ のようなべき乗関数で表される．両辺の常用対数を取ると，

$$\log y = \log C - \gamma \log x$$

となる（ただし底の表記は省略している）．この式は，$Y = \log y$，$X = \log x$ と置くと，

$$Y = \log C - \gamma X$$

となり，傾きが $-\gamma$ の直線になる．このことからも，べき分布に従う実データのプロットが，対数変換したときに直線になったことが理解できる．

上記の負の傾きである γ を**べき指数**（exponent）と言う [50]．この γ がスケールフリー性を評価する指標となる．実際にべき指数を計算するときは，ノードを次数－頻度（確率）の両対数グラフに散布図でプロットし，最小二乗法などで傾きを推定する．図5.7は，あるネットワーク生成モデルで生成したネットワークの次数の散布図（エッジに方向があり，入る方向のエッジ（in degree）と出る方向のエッジ（out degree）に分けている）であるが，高い次数においては1回か2回しか出ないものが頻出し，横広がりのグラフになっている．本物のネットワークもこのような分布になることが多いため，べき指数を計算するときには，きれいな直線部分になっているデータのみを用いて計算する．現実世界のネットワークでは，このべき指数は2～3程度の値になることが多い．

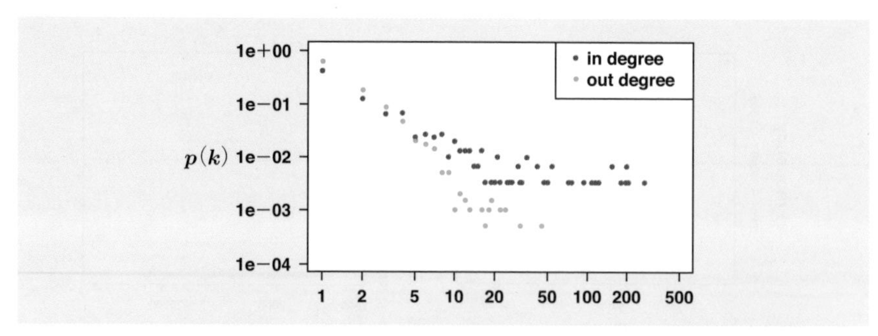

図 5.7 あるネットワーク生成モデルで作成したネットワークの次数分布（**in degree**：入る方向のエッジに関する次数，**out degree**：出る方向のエッジに関する次数，$p(k)$：その次数での確率分布（出現頻度），**1e-0x** の表記は，1.0×10^{-x} を表す）

実ネットワークの評価においては，両対数グラフにおいて直線部分が出現するかどうかと，べき指数の値が現実的なものであるかどうか，べき指数を算出するときに用いた最小二乗法の決定係数などを考慮して評価することが多い．

5.3.2 スモールワールド性に関する指標

本項では，スモールワールド性に関する指標を紹介する．指標の計算の具体例を説明するために，図 5.8 のネットワークの例を用いる．

平均頂点間距離

任意の 2 つのノード（頂点）間の最短経路のステップ数の平均を表す[51]．この指標を計算するには，まず 2 つのノード間の最短経路のステップ数を計算する．以下の説明では，これを l という変数で表す．図 5.8 におけるノード 1 とノード 5 の間の頂点間距離は，最短経路 $1 \to 2 \to 5$ の 2 になる．他の経路としては，$1 \to 2 \to 3 \to 5$ があるが，これは最短経路にはならない．あるグラフのノード数を n とすると，2 つのノードの組合せは，$n(n-1)/2$ 個になる．それら全てのペア（ノード i とノード j）における頂点間距離 $l_{i,j}$ の平均を求めたものが**平均頂点間距離**（average path length）となる．日本語では平均経路長と呼ばれることもある．具体的には，以下の式で算出される．

$$L_{avg} = \frac{1}{\frac{n(n-1)}{2}} \sum_{(i,j)}^{n(n-1)/2} l_{i,j}$$

図 5.8 における全てのノード間の頂点間距離は，図 5.9 のようになる．この値を上記 $l_{i,j}$ に代入して計算すると，

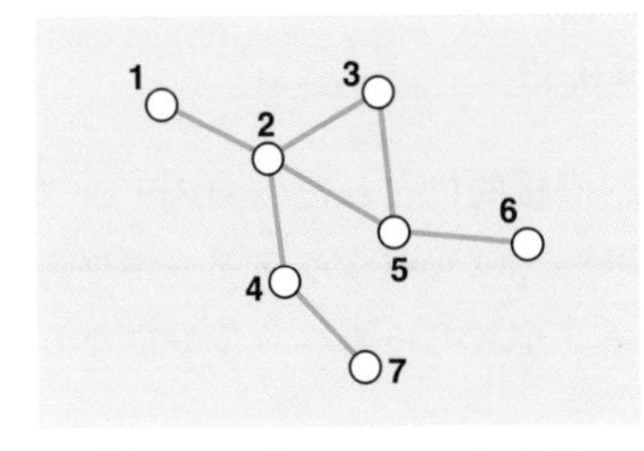

図 5.8 ネットワークの例

(1,2):1	(2,3):1	(3,4):2	(4,6):3
(1,3):2	(2,4):1	(3,5):1	(4,7):1
(1,4):2	(2,5):1	(3,6):2	(5,6):1
(1,5):2	(2,6):2	(3,7):3	(5,7):3
(1,6):3	(2,7):2	(4,5):2	(6,7):4
(1,7):3			

図 5.9 全てのノードペアの頂点間距離

$$L_{avg} = \frac{1 \times 7 + 2 \times 8 + 3 \times 4 + 4 \times 1}{7 \times 6 \div 2} = \frac{40}{21} = 1.90$$

となる．この値が低いほど，ネットワークにおいて，任意の2つのノード同士が平均的に近いこと，すなわち少ないステップ数で到達できることを意味する．

直径

ネットワーク中の全てのノードペアの頂点間距離 $l_{i,j}$ のうち，最も長いものをネットワークの**直径**（diameter）と言い，以下の式で算出される．

$$R = \max(l_{i,j})$$

max は，与えられた値群の中から最大のものを返す関数である．図 5.8 のネットワークでは，全てのノードペアの頂点間距離（図 5.9 参照）の値のうち，最大のものは4であるので，直径 R は4となる．この値が大きいほど，長いステップ数を経ないと到達できないノードペアがあることを意味する．

密度

ネットワークにおいて，どれだけ多くのエッジが存在するかを表す．エッジが多い方が，任意のノードに少ないステップ数で到達することができる．ネットワーク中のノードの数を N とすると，エッジを付与できるノードペアの総数は $N(N-1)/2$ になる．これに対する実際のエッジの数 E の割合を以下の式で求めたものが**密度**（density）である．

$$D = \frac{2E}{N(N-1)}$$

図 5.8 のネットワークでは，エッジの総数は7であるため，密度 D は，

$$D = \frac{2 \times 7}{7 \times 6 \div 2} = \frac{1}{3} = 0.33$$

となる．厳密には，あるノードからあるノードへ直接的にどれだけのステップ数でたどり着くことができるかを計算しているわけではないため，スモールワールド性を直接的に表してはいないが，ネットワークがスモールワールドになりやすいかどうかを推定することができる．

5.3.3 クラスタ性に関する指標

ここでは，クラスタ性に関する指標を紹介する．

クラスタ係数

あるノードの隣接ノード同士が互いにつながっている割合を**クラスタ係数**（clustering coefficient）と言う[51]．社会ネットワークで言うと，自分の友達から任意の 2 人を選んだときに，彼らがお互いに知り合い同士であるという場合がどれだけ多いかを表す．ノード i の次数を k_i とする．これは隣接ノードの個数に相当するが，これらの隣接ノードから任意の 2 つのノードを取り出して，これに自分を足して 3 つ組を作る（図 5.10 参照）．この 3 つ組の全てのノードの間にエッジが張られているかどうか（全てのエッジがつながった三角形になっているかどうか）をチェックする．自分と隣接ノードの間には必ずエッジがあるので，2 つの隣接ノード間にエッジがあるかどうかだけをチェックすることになる．隣接ノードから任意の 2 つのノードを抽出する組合せの数は，$k_i(k_i-1)/2$ 個あるため，このうち何個が三角形になっているか（T_i と表す）を考える．この割合を以下の式のように c_i で表すと，ネットワーク全体（総ノード数が n）のクラスタ係数 C は以下の式で表される．

$$c_i = \frac{T_i}{\frac{k_i(k_i-1)}{2}}$$

$$C = \frac{1}{n}\sum_{i}^{n} c_i$$

図 5.8 のネットワークを用いて計算の例を示す．ノード 2 は，ノード 1，3，4，5 に接続している．そのため，隣接ノードの組合せは，(1,3)，(3,5)，(5,1)，

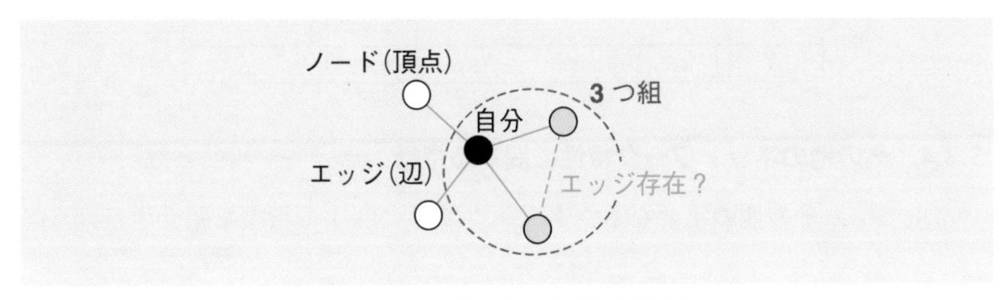

図 5.10 クラスタ係数の計算

(1,4), (4,3), (4,5) の6つである．このうち，このノードの組合せ間でエッジが存在するのは (3,5) である．したがって，c_2 は以下のようになる．

$$c_2 = \frac{T_2}{\frac{k_2(k_2-1)}{2}} = \frac{1}{4 \times 3 \div 2}$$
$$= \frac{1}{6} \cong 0.167$$

全てのノードにおける隣接ノードの組合せと c_i の値は，表5.1のようになる．なお，そもそもエッジが1つしかないものは，c_i は0となる．これらの値より，クラスタ係数 C は

$$C = \frac{0 + 0.167 + 1 + 0 + 0.333 + 0 + 0}{7}$$
$$= 0.214$$

となる．クラスタ係数 C が高いほど，ネットワーク中に密につながりあったネットワーク部分があることを意味する．

表5.1 ノードごとの c_i の値

（太字は，隣接ノード同士にもエッジが存在するものを示す）

ノード番号	隣接ノード組合せ	c_i
1	なし	$c_1 = 0$
2	(1,3), **(3,5)**, (5,1), (1,4), (4,3), (4,5)	$c_2 = \frac{1}{6} = 0.167$
3	**(2,5)**	$c_3 = \frac{1}{1} = 1$
4	(2,7)	$c_4 = \frac{0}{1} = 0$
5	**(2,3)**, (3,6), (2,6)	$c_5 = \frac{1}{3} = 0.333$
6	なし	$c_6 = 0$
7	なし	$c_7 = 0$

5.3.4 その他のネットワーク特性に関する指標

本項では，その他の重要なネットワーク特性に関する指標を紹介する．

次数相関

「類は友を呼ぶ」と言うが，社会学や心理学においては，この傾向を**同質性**(homophily) と呼ぶ[52]．ネットワーク科学の世界ではこの性質を**同類選択性**(assortativity) と言う[53]．何に関して同類かについては，趣味や性格などいろいろ考えられるが，ネットワーク科学では次数に注目することが多い．すなわち社会ネットワークで言うと，友人の多い人は多い人同士でつながる傾向にあり，友人の少ない人は少ない人同士でつながる傾向にあるというものである．これを 1 つの数値で表したものが**次数相関** (degree correlation) である[54]．

次数相関は，ノードの持つ次数とそのノードの隣接ノードの平均次数との間の相関係数で表される．具体的な計算方法は以下のようになる．まず，次数 k ごとに隣接ノードの次数 $\acute{k}$ の確率分布 $P(\acute{k} \mid k)$ を求める．

$$P(\acute{k} \mid k), \qquad \acute{k} = 1,\ 2,\ 3,\ \ldots,\ MAX$$

これは，次数が k である全ノードにおいて，その隣接ノード群のうちの 1 つのノードの次数が $\acute{k}$ である確率（割合）を意味する．これを求めるためには，次数が k であるノードを全て集める．そして，各ノードの隣接ノード一つひとつについて，その次数 $\acute{k}$ を調べ，その次数 $\acute{k}$ ごとに度数を記録する．これを収集した全てのノード（次数は k）の全ての隣接ノードに対して行う．次数 $\acute{k}$ の度数の総和を全体の数と見なして，$P(\acute{k} \mid k)$ の確率分布を獲得する．

したがって，次数が k の全ノードにおいて，隣接ノードの次数の平均 a_k は以下の式で与えられる．

$$a_k = \sum_{\acute{k}} \acute{k} P(\acute{k} \mid k)$$

$k \in \{1, 2, \ldots, MAX\}$ と a_k との相関係数（ピアソンの積率相関係数）を求めたものが，次数相関の値になる．具体的には，以下のように計算される．

$$r_{k,a_k} = \frac{s_{k,a_k}}{s_k s_{a_k}}$$

ただし，

$$s_{k,a_k} = \frac{1}{MAX} \sum_{k=1}^{MAX} (k - \overline{k})(a_k - \overline{a_k})$$

$$s_k = \sqrt{\frac{1}{MAX} \sum_{k=1}^{MAX} (k - \overline{k})^2}$$

$$s_{a_k} = \sqrt{\frac{1}{MAX} \sum_{k=1}^{MAX} (a_k - \overline{a_k})^2}$$

である．この値が高いほど，次数の高いノードは次数の高いノードに，次数の低いノードは次数の低いノードにつながりやすいことを意味する．

5.4 ノードの評価指標

前節では，ネットワーク全体の特徴を評価する指標を紹介したが，Web 検索や流通の最適化などの実用面では，ノードの重要度を評価することが多い．そこで本節では，ノードの重要度の評価指標を紹介する．個々のノードの重要性を評価するための指標は，そのノードがネットワーク中でどれだけ中心的な役割を果たしているかを評価する．このような性質を**中心性**（centrality）と呼ぶ．

次数中心性（degree centrality）

ノードそのものの次数，すなわち接続されているエッジの数を指す[55]．そのノードがどれだけの支持を他のノードから得ているかを表すため，直感的で分かりやすい指標である．

近接中心性（closeness centrality）

ネットワークの中心に位置するノードほど重要であると考える指標である[56]．中心に位置するということは，そこからどのノードに対しても多くないステップ数で到達できることを意味する．具体的には，以下の式にてある頂点から残りの全ての頂点への最短経路のステップ数の平均の逆数として計算される．

$$Cls_i = \frac{N-1}{\sum_{j \in V \setminus \{i\}} d(i,j)}$$

ここで，N はネットワーク中のノード数，V はネットワーク中のノード集合，

$d(i,j)$ はノード i とノード j の最短経路のステップ数である．

図 5.8 の例で，近接中心性 Cls_i を算出してみる．ノード 2 においては，ノード 1，3，4，5 までの距離がそれぞれ 1 であり，ノード 6，7 までの距離がそれぞれ 2 である．そのため，Cls_2 は，

$$Cls_2 = \frac{7-1}{\sum_{j \in V \setminus \{2\}} d(2,j)} = \frac{6}{1 \times 4 + 2 \times 2} = 0.75$$

となる．ノード 5 においては，ノード 2，3，6 までの距離がそれぞれ 1，ノード 1，4 までの距離がそれぞれ 2，ノード 7 までの距離が 3 である．そのため，Cls_3 は，

$$Cls_3 = \frac{7-1}{\sum_{j \in V \setminus \{3\}} d(3,j)} = \frac{6}{1 \times 3 + 2 \times 2 + 3 \times 1} = 0.6$$

となる．このことから，ノード 5 よりもノード 2 の方が，近接中心性が高いことが分かる．

媒介中心性（betweenness centrality）

ネットワーク中でアクター（オブジェクト）が，あるノードから別の異なるノードに移動する際，必ず通らないといけないノードを重要だと見なす評価指標である．正確には，ネットワーク内の全てのノードから他の全てのノードへの最短経路を考えたときに，より多くの最短経路に含まれているノードの値が高くなるように計算される[57]．具体的には，ノード i の媒介中心性は，以下の式で計算される．

$$Btw_i = \frac{\sum_{s \in V \setminus \{i\}} \sum_{t \in V \setminus \{i,s\}} \frac{L_{st}^i}{L_{st}}}{\frac{(N-1)(N-2)}{2}}$$

ここで，N はネットワーク中のノード数，V はネットワーク中のノード集合，L_{st} はノード s とノード t 間の最短経路の数，L_{st}^i はノード s とノード t 間の最短経路のうちノード i を通る経路の数である．より詳細に説明すると，分子は，ノード i 以外のノード間の最短経路におけるノード i の重要性の総和である．分母は，ノード i を除く任意のノードの組合せの数である．

図 5.8 の例で，媒介中心性 Btw_i を算出してみる．図 5.11 に，ノード 2 における，それ以外の全てのノードペアと，そのノードペア間の最短経路の数（括

弧内)，そのうちノード2を通るものの数を示す．例えば，ノード1からノード3への最短経路は，ノード1 → 2 → 3の1つになる（これが図の括弧内に示された1という数字として表されている)．上記のうち，ノード2を通るものは1つであるので，括弧の左側に1という数字として表されている．この例では，最短経路の数はいずれも1なので，L_{st}^{i}/L_{st} の値は，L_{st}^{i} の合計になる(すなわち図5.11における括弧の左の数字の合計)．よって，

$$Btw_i = \frac{11}{\frac{(7-1)(7-2)}{2}} = \frac{11}{15} = 0.733$$

となる．

(1,3):1(1)	(3,4):1(1)	(4,6):1(1)
(1,4):1(1)	(3,5):0(1)	(4,7):0(1)
(1,5):1(1)	(3,6):0(1)	(5,6):0(1)
(1,6):1(1)	(3,7):1(1)	(5,7):1(1)
(1,7):1(1)	(4,5):1(1)	(6,7):1(1)

図 5.11 ノード **2** 以外のノードペアの最短経路の数（括弧内）と，そのうちノード **2** を通る経路の数（括弧の左側）

中心性を計測する手法には他にも，固有ベクトル中心性[58]や情報中心性[59]など，様々なものが提案されている．また，4章で説明したPageRank[39], [40]も中心性を評価する指標と考えることができる．

5.5 ネットワーク生成モデル

現実世界のネットワークを直接に観察できるようになると，どうすればそのようなネットワークが生成できるのかに関心が向かうようになった．特に，人工的にネットワークを生成することで現実世界のネットワークに共通する特徴を再現できることを示した**ネットワーク生成モデル**は多くの研究者を魅了した．本節では，代表的なネットワーク生成モデルを紹介する．

5.5.1 ワッツ–ストロガッツモデル（WSモデル）

ネットワークの研究に対する機運が高まったのは，1つの論文がきっかけで

あった．それは，1998 年にワッツ (Duncan J. Watts) とストロガッツ (Steven H. Strogatz) が発表したネットワーク生成モデルに関するものである [60]．彼らが提案したモデルは，**ワッツ–ストロガッツモデル (WS モデル)** と呼ばれる．

5.2.1 項で説明した通り，これまでネットワークを数学的に解釈するためのツールとしてグラフ理論が用いられてきた．グラフ理論では，厳密な理論に従ってグラフを解析するが，現実に存在するネットワークは多様過ぎて，うまく適用できない問題があった．これの対極にある考え方として，1960 年に数学者エルデシュ (Paul Erdős) とレニー (Alfréd Rényi) が提案した**ランダムグラフ (ER モデルとも呼ばれる)** がある [61]．これは，N 個のノードから構成されるネットワークにおいて，任意の 2 つのノード間に確率 p でエッジを張り，確率 $1-p$ でエッジを張らないというモデルであった．適度な大きさの p を与えると，現実世界のネットワークに近いものが生成されるのではないかという期待があったが，特にクラスタ性の観点で，現実世界のネットワークには，ほど遠いものであった．

WS モデルは，グラフ理論で解析しやすい完全な規則に従った形態と，ランダムグラフに代表される無秩序さとの間に，現実世界のネットワークの性質が存在するのではないかと考えたものである．このモデルによるネットワーク生成は，図 5.12 (左) にあるような規則的な格子グラフ (ループした一次元格子) から始まる．N 個のノードが与えられたときに，各ノードは K 個のエッジを他のノードに張る．ノード群は円上に配置してある．この例では，16 個のノードが存在し，各ノードは他の 4 つのノードにエッジを張っている (外周の円もそれぞ

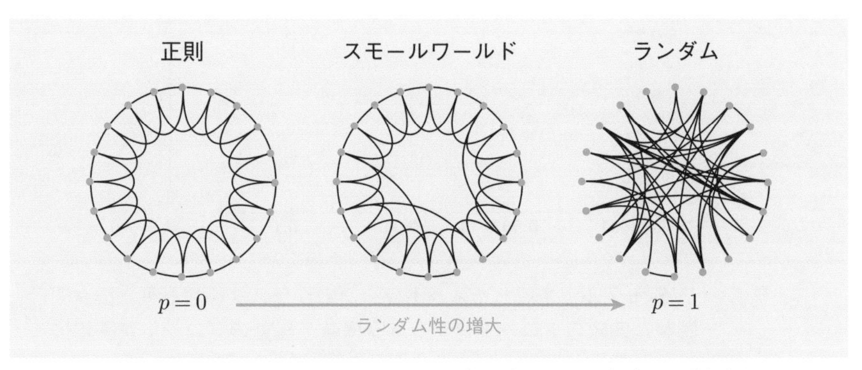

図 5.12　ワッツ–ストロガッツモデル (**WS** モデル) の動作例

れエッジになる）．詳細には，1つのノードは，円上の両隣のノードへのエッジと，さらにその両隣のノードへのエッジの，合計4本のエッジを持っている．

その後，各エッジに注目し，この一方の接続先を p の確率で違うノード（ランダムに選択）に張り替える．$p = 0$ であれば，元の格子グラフのままで（図5.12（左）），$p = 1$ になると，ランダムグラフになる（図5.12（右））．ワッツとストロガッツは，$p = 0$ と $p = 1$ の間に，現実世界のネットワークに近い特徴を持つ構造が現れるのではないかと考えた．実際にシミュレーション実験を行ってみると，$p = 0.01 \sim 0.1$ 程度において，適度に密に結び付きあったノードの集まりがあり（クラスタ性が高い），任意のノード間の距離（隔たり）が短い（スモールワールド性を持つ）ことが確認された（図5.12（中央））．彼らは，このシミュレーション実験において生成されたネットワークのクラスタ係数と平均頂点間距離を縦軸にとり，p を横軸に取ったグラフで，この結果を示した（図5.13）．ただし，このグラフでは $p = 0$ のときを基準として，相対的なクラスタ係数 $C(p)/C(0)$ と平均頂点間距離 $L(p)/L(0)$ を示している．四角のプロットがクラスタ係数を，黒丸のプロットが平均頂点間距離を表している．確かに $p = 0.01 \sim 0.1$ 程度において，クラスタ係数が高く平均頂点間距離が短いネットワークが作成されていることが分かる．

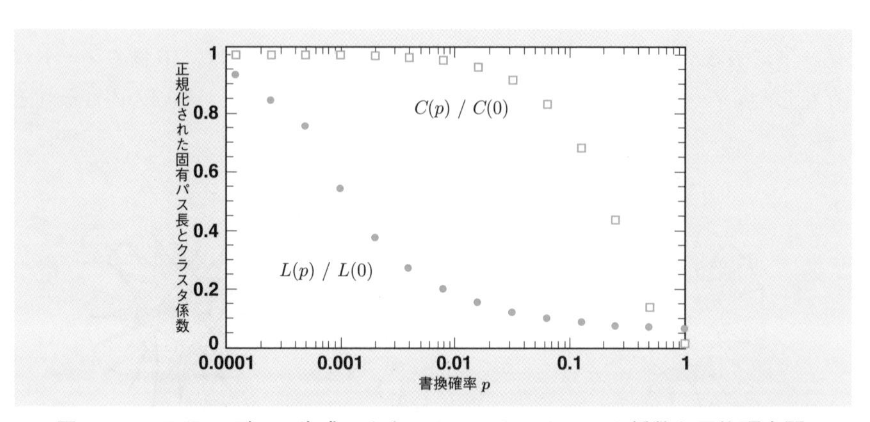

図 5.13 **WS モデルで生成したネットワークのクラスタ係数と平均頂点間距離．四角のプロットがクラスタ係数．黒丸のプロットが平均頂点間距離．p はエッジをランダムに張り替える確率である．**
（論文 [60] より承諾を得て転載）

このような単純なモデルによって，現実世界に見られるスモールワールドな性質（広義の意味でのスモールワールド性）を持つネットワークを生成することができたことは，研究者たちに大きな衝撃を与えた．

5.5.2 バラバシ–アルバートモデル（BA モデル）

前項で説明した WS モデルでは，現実世界のネットワークに見られる特徴のうち，スモールワールド性（厳密にはスモールワールド性とクラスタ性）を持つネットワークを人工的に生成することに成功した．しかし，もう 1 つの性質であるスケールフリー性は実現できていない．スケールフリー性を実現する代表的なモデルとして，バラバシ（Albert László Barabási）とアルバート（Reka Albert）が考案した**バラバシ–アルバートモデル**（**BA モデル**）[62] がある．このモデルは，高いクラスタ性は実現していないが，WS モデルと並び，非常に有名なモデルである．

このモデルは，図 5.14（左）のように，まず非常に少数（数個程度）のノードで構成される完全グラフ（全てのノード間にエッジのあるネットワーク）から始まる．次に，このネットワークに新しいノードを追加する（図 5.14（中央）の 1 のノード）．そして，このノードから，すでに存在しているノードに対してリンクを張る（ただしエッジに方向はない）．このとき，どのノードに対してリンクを張るかは，それぞれのノードのその時点でのリンク数に比例する確率により決定される．これを優先的選択と呼ぶ．この操作を，ノードが所定の数になるまで繰り返す．1 つ目のノードの追加の時点では，シードとなるノードの次数は全て 3 であったため，どのノードにエッジが張られるかは等確率であったが，2 つ目のノード（図 5.14（右）の 2 のノード）の追加の時点では，シー

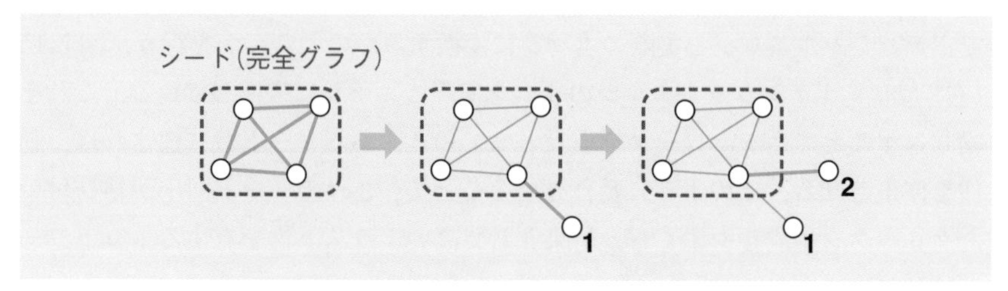

図 5.14 **BA** モデルによるネットワーク生成の様子

ド中の右下のノード（黒で塗りつぶしたノード）の次数が4であるので，2つ目のノードからは，このノードにエッジが張られやすくなる．

このように生成した人工的なネットワークは，スケールフリー性を満たす．また，非常に多くのエッジを持つノードの存在により，スモールワールド性（狭義の意味のスモールワールド性）も満たす．ただし，高いクラスタ性を満たすことはできない．しかし，このような単純なモデルで，スケールフリー性とスモールワールド性を満たしたことは，研究者たちに大きな驚きを与えた．

5.5.3 Connecting-Nearest-Neighborモデル（CNNモデル）

最後に高いクラスタ性を実現するために考え出された **Connecting-Nearest-Neighbor モデル**（**CNN モデル**）[63] を紹介する．このモデルでは，ランダムネットワークを生成する過程と，近傍ノードとの間にエッジを生成する過程を組み合わせている（図5.15参照）．

CNN モデルでは，最初に1つだけノードを与える（図5.15（左）．この例では，すでに3つのノードと2つのエッジが存在するネットワークを起点とする）．そして，ある確率で新しいノード v_{new} を生成し，既存のノードからランダムに1つのノード v_{old} を選択し，それに対してエッジを張る（図5.15（右））．ただし，エッジには方向はない．近傍ノードとの間にエッジを生成するために，ノード v_{new} がノード v_{old} へエッジを生成した際，ノード v_{new} とノード v_{old} の隣接ノード全ての間に，ポテンシャルエッジというもの（図5.15（中央）の破線）を設定する．これは，将来的にエッジが張られる可能性があるものとして記録しておくためのものである．ポテンシャルエッジは，設定された時点ではエッジではないが，後にアルゴリズムによりエッジに変換される可能性がある．

実際には，CNN モデルでは，ある確率 p で新しいノードを生成するか，$1-p$ でポテンシャルエッジを実際のエッジに変換するかのどちらかを行う．図5.15（右）では，ポテンシャルエッジの1つを実際のエッジに変換している．これを繰り返すことでネットワークを成長させていき，あるノード数に達すれば，動作を停止させる．このように動作させることで，3つのノード同士が結び付いたクリークを生成しやすくし，結果として高いクラスタ性を有するネットワークにしている．

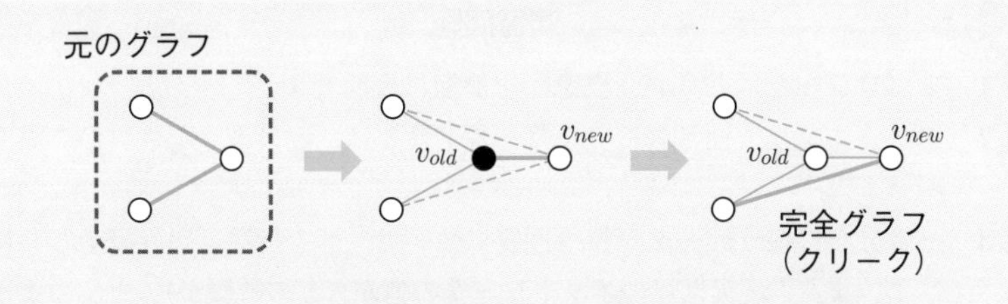

図 5.15　CNN モデルによるネットワーク生成の様子

5.5.4　ネットワーク生成モデルの意義

本節では，代表的なネットワーク生成モデルを紹介した．これらは，本物のネットワークを解析する方法ではなく，現実世界のネットワークに近いネットワークを人工的に作り出すためのモデルである．そのため，何のために偽物の(実際には存在しない）ネットワークを作り出すのだろうかと疑問に思った読者もいるであろう．ネットワークの解析と生成は表裏一体のものであると考えられる．ネットワークについてある特徴を解析するためには，そのような特徴が表れるための条件（規則）を知っておくと，その解析方法を容易に開発することができるかもしれない．また，解析結果を解釈するときにも，それを引き起こした真の理由を推定し，様々な考察を行うことができるようになるかもしれない．すなわち現実世界のネットワークを解析することと，現実世界のネットワークに近いネットワークを生成する規則を開発することは，完全に切り離して考えられるものではないと言える．

現実世界のネットワークを構成するのは，一人ひとりのアクタ（一つひとつのオブジェクト）である．具体的には，一人ひとりの人間が独立に友達関係を築いたり，Web ページにリンクを張ったりしている．中央集権的に誰かがネットワーク全体の性質をコントロールしなくても，上記に示したような 3 つの特徴が見られるようになるのである．このような特徴を生み出す本質は何にあるのかを解明するために，単純なモデルによるシミュレーション実験を行っているのである．ネットワーク科学の研究分野においては，人工的にネットワークを作り出すアプローチと，本物のネットワークを解析するアプローチの 2 つが，真理の探究に必要なのだと思われる．

演習問題

問題 1 トポロジーとはどういう概念かを簡潔に説明せよ.

問題 2 スケールフリー性とスモールワールド性とは，どのような性質かを簡潔に説明せよ.

問題 3 べき分布に従うデータが持つ性質について，べき指数という概念と共に説明せよ．また，現実世界のネットワークの何が（どの特徴が），上記のような性質を満たすのかについても説明せよ.

問題 4 以下の図のネットワークにおける平均頂点間距離と密度，クラスタ係数を求めよ．密度とクラスタ係数は，小数第2位まで求めること.

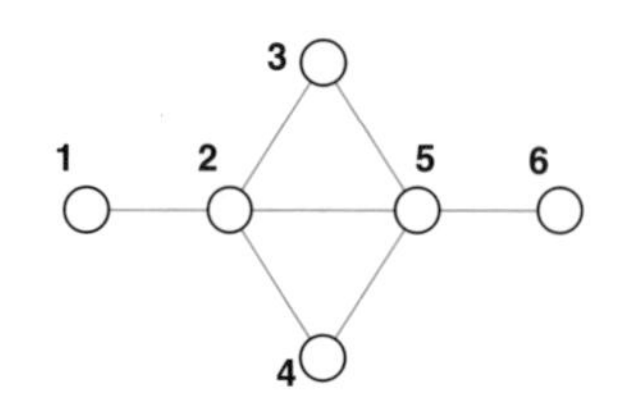

問題 5 以下の図のネットワークにおける次数相関を求めよ．答えは小数第2位まで求めること.

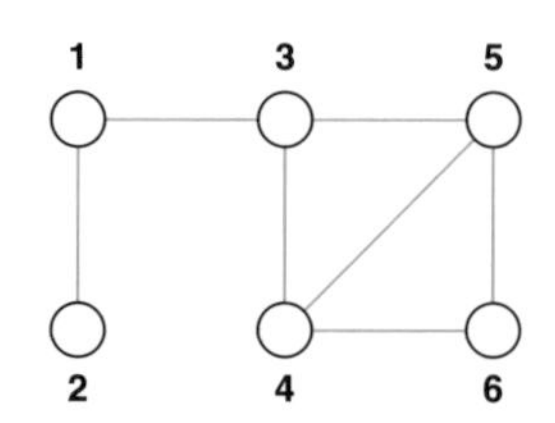

問題 6 問題4で用いたネットワークにおけるノード2とノード3の近接中心性と媒介中心性を求めよ．答えは小数第2位まで求めること.

問題 7 ワッツ–ストロガッツモデル（WS モデル）の動作を簡潔に説明せよ.

問題 8 バラバシ–アルバートモデル（BA モデル）の動作を簡潔に説明せよ.

第6章 ソーシャルメディアによる社会分析

社会学は，実社会で起きている現象の実態や，その現象が起きるメカニズムを解明することが主な研究目的である．人々のつながりも社会学の重要な研究対象であるが，5 章で説明したように，従来は手紙の受け渡しのような原始的な方法でしか観測できなかった．しかし，近年のソーシャルメディアの発達により，人々はコンピュータ上で互いの結び付きを構築するようになり，結果として人々のつながりを外部から観測することが可能になった．人々の心のうちにしか存在しなかった他者とのつながりが，労せずとも手に入るようになり，それを分析できるようになったのである．また，スマートフォンに代表される携帯端末の普及により，人々は外出時でも Web やソーシャルメディアのコンテンツにアクセスし，また自ら情報を発信するようになった．特に，現実世界で見たものや経験したもの，感動したものなどを，ソーシャルメディア上に投稿するようになった．これにより，現実世界で起きた出来事が常時，観測可能になった．従来であれば，全国規模でアンケートを行わないと分からなかったようなトレンドや現象も，リアルタイムに検出できるようになった．すなわち，ソーシャルメディアが，社会や現実世界を知るためのソーシャルセンサとして機能するようになったのである．これらは，社会学の研究方法にパラダイムシフトを起こしたと言える．本章では，現実世界のネットワークの分析と人々が発信した投稿からの社会イベントの検出について，主な研究事例を紹介する．

6.1 実ネットワーク分析

5章では，人工的に生成したネットワークが，現実世界のネットワークに共通する性質を満たすかどうかに注目した．近年のWebとソーシャルメディアの発達により，数千万あるいは数億というノード数に及ぶ大規模な現実世界のネットワーク（本章では「実ネットワーク」と呼ぶ）にアクセスすることが可能になった（実際にアクセスできるのはサービス提供者に限られるケースがほとんどであるが）．ここでは，このような大規模な実ネットワークを分析した研究事例を紹介する．

6.1.1 無向グラフの分析

本項では，実ネットワークの中でも，ソーシャルメディアにおける社会ネットワークで無向グラフに当てはまるものに焦点を当てる．特に，会話というインタラクションにより構成された社会ネットワークと，相互承認型SNSで見られる社会ネットワークを採り上げ，それらを分析した研究事例を紹介する．

会話による社会ネットワークの分析

実際の大規模な社会ネットワークの分析を行った研究事例として，レスコベック（Jure Leskovec）とホービッツ（Eric Horvitz）が，MSNメッセンジャーの会話ログに対して行った研究[64]がある．彼らは，MSNメッセンジャーで交わされた会話により構成された社会ネットワークを分析した．MSNメッセンジャー自体は，1:1（あるいは少数のグループ）で電子的な会話を行うサービスであるが，この会話が行われた人々の間につながり（エッジ）があるものと見なすと，このつながりは社会ネットワークになる．MSNメッセンジャーには，2億4,000万ユーザと300億もの友人関係（会話関係）があった．実際に彼らの分析対象となったのは，1億8,000万のノードと13億のエッジ（無向のエッジ）を持つ社会ネットワークである．

彼らの研究で最も価値があるのは，実際の大規模な社会ネットワークに対して初めて平均頂点間距離を求めた点にある．社会学者が長年，手紙の受け渡しという形式で解明を試みてきた社会ネットワークの構造を，全てのユーザ間の経路を調べることにより明らかにしたのである．これまで，多くの社会学者がサンプル的に行った調査では，6次の隔たりが確認されていた．すなわち，大規模な社会ネットワークであっても，平均頂点間距離は6〜7程度であるという予測である．レスコベックとホービッツは，上記のネットワークにおいて，全てのユーザペアにおける平均頂点間距離を計算したところ6.6になった．この研究にて，ようやく人々のつながりは，せいぜい6〜7ステップ程度の距離しか持たないことが示されたのである．

また彼らは，その他にも数多くの面白い発見をしている．例えば，99.9％のノードが最大の接続数を持つ部分グラフに含まれていたこと，クラスタ性も確認されそのクラスタ係数は0.37であったこと，会話相手には同質性が見られたことが挙げられる．99.9％ものユーザが最大の接続数を持つ部分グラフに接続されていたということは，会話ネットワークにおいては，人々が分断されることがないことを示す．これは現代社会においては，隔離的なユーザグループというものが生まれにくいことを示している．クラスタ性があるということは，何らかの組織やグループ（明示的なものと明示的でないものを含む）に属するユーザが，それらの組織やグループ内の活動の文脈において，オンライン上で会話を行っていることを示す．

同質性については，デモグラフィックに注目し，ユーザ同士の使用する言語，地理的位置，年齢が類似するほど，会話の回数が多く，またより長い時間会話する傾向があることを発見した．一方，同質性とは逆の関係にあったのは性別であった．互いの性別が異なるユーザ同士は，より頻繁に会話することが分かった．オンラインであっても，会話相手の選択に実世界のコンテキストが関係していることを示す．いずれの結果も，社会学の分野においては重要な知見と言える．MSN メッセンジャーは，オンラインで行われる会話アプリケーションではあるが，そこで生成される社会ネットワークは，強く実世界の影響，特に地理的な距離や文化の影響を大きく受けていると言える．

相互承認型 SNS ネットワークの分析

相互承認型SNSで構成されている社会ネットワークを分析した研究事例を紹介する．最も代表的な研究は，バックストローム（Lars Backstrom）らがFacebookの社会ネットワークに対して行った調査である[65]．彼らはFacebook社の研究者であったので，Facebookの完全な社会ネットワークを得ることができた．そこで，2011年5月時点のFacebookの社会ネットワーク（7億2,100万人のユーザと690億のつながり（ユーザ間の友達関係）を持つ）に対して分析を行った．これだけの規模を持つネットワークの分析は，世界でも初めてのことであった．

分析の結果，Facebookユーザの平均頂点間距離はわずか4.74であることが分かった．そして，頂点間距離の分散も0.09という小さなものであった．これだけの大規模な社会ネットワークであるにも関わらず，その隔たりの大きさは社会学者が唱えていた6次の隔たりよりもはるかに小さいものであった．

彼らはこのような分析を時系列でも行っており，毎年1月1日の時点での社会ネットワークに対して分析を行っている．そして2007から2011年にかけて，平均頂点間距離の値がどのように変化したかを分析している．また，地域単位でも分析を行っており，北米，イタリア，スウェーデンの3つの地域を採り上げている．Facebookのサービスが提供されて間もない2007年頃のイタリアとスウェーデンでは，まだユーザ規模が大きくないのにも関わらず，平均頂点間距離がイタリアでは約10，スウェーデンでは約6と高い値になっている．しかし，1年あるいは2年もすると，4～5程度に収束し，その後はほぼ一定になっている（図6.1参照）．ノード間の分散も，最初はこの両国では高い値になっているが（イタリアで約32，スウェーデンで約4），やはり1年あるいは

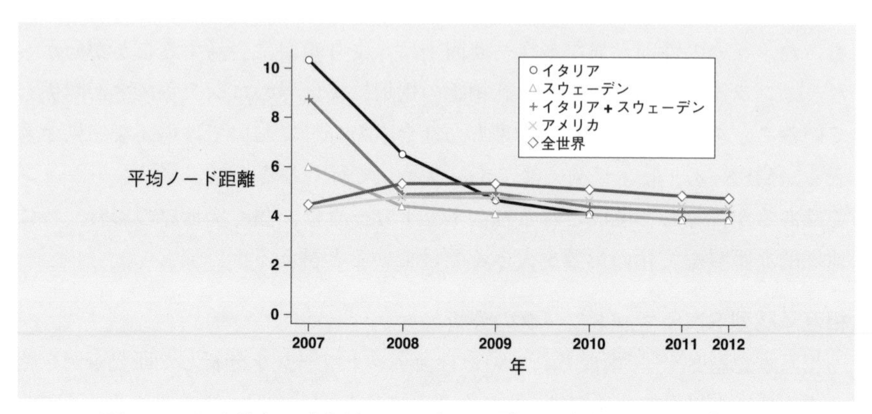

図6.1　アメリカ，イタリア，スウェーデン，イタリア＋スウェーデン，全世界の，年ごとの平均頂点間距離
（論文[65]より著者の了解を得て転載）

2年で低い値（0.1程度）に収束している．2007～2008年においては，両国のユーザの平均次数がまだ低く，到達可能なユーザペアの数も少ないため，社会ネットワークとしては未成熟であったことが理由であると思われる．この結果は，本物のSNSのネットワークがどのように成長していくのかを予測するのに役立つものと思われる．

バックストロームらの実験結果は，社会ネットワーク分析の文脈で社会学の研究分野にどのような意義をもたらしたのであろうか．数百億ものつながりを持つネットワークを完全に分析したという点での貢献は，疑いようのないほど価値の高いものである．計算機科学者でなければ，これほどの規模のネットワークを分析することはできなかったであろう．また，それ以前に情報通信技術の発達がなければ，可視化された（計算機で探索可能な）社会ネットワークを得ることもできなかった．

しかし，一方でFacebookの友人関係は，現実世界の社会ネットワークとは，完全に一致するものではないという欠点もある．全ての人間がFacebookのアカウントを持っているわけではない上，たとえアカウントを持っていたとしても，ほとんど使っていないユーザも存在する．また，ミルグラムの実験では，ファーストネームで呼び合う仲を知り合いであると見なしているが，Facebookで登録した友人には，仕事の知り合いや学生時代の恩師など，とてもファーストネームで呼ぶことはできないような人もいるはずである．ファーストネームで呼び合うというかなり親しい間柄を知り合いと定義するのであれば，今回のこの調査結果は，現実の友人ネットワーク（SNS出現以前の親しい間柄のネットワーク）での結果とはかなり異なる恐れがある．

とは言え，人々の人間関係は現実世界のものが絶対で，SNSはその一部を切り取ったものに過ぎないという考え方は危険である．現代社会では，人がどのように人間関係を構築し，それを維持していくのかは，Web出現以前と出現後では全く異なるからである．サイバー空間上でのコミュニケーションを断ち切るということは，ある意味，その人の人格の半分を失うことになりかねない．バックストロームらの実験結果の価値は，そのような時代背景も考慮して見極めないといけない．

6.1.2 有向グラフの分析

ここでは，実ネットワークの中でも，エッジに方向を持ったものの分析事例を紹介する．

興味ネットワークの分析

ソーシャルメディア分析の中で最もよく用いられるメディアは，マイクロブロ グサービスの 1 つである Twitter である．Twitter でもユーザとユーザの間で関係を登録できるが，この登録には相手から承認を得る必要のない**フォロー**という方法になる．一般にフォローの機能を備えるサービスでは，誰かをフォローすると，その相手の発信する情報を購読することになり（日常的に読める状態にすること．購読料を支払うわけではない），相手の発信する情報が**タイムライン**と呼ばれる画面（自分が日々目にする画面）に現れるようになる．一方，フォローされた相手は，フォローしてきたユーザの発信する情報が自分のタイムラインに表示されることはない．互いが相手の発信する情報を，常時確認しあえるようにするためには，互いにフォローし合う必要がある．すなわち，フォロー関係は単方向の関係であり，方向付きのエッジであると言える．よって，フォローで構成されたネットワークは有向グラフ（エッジに向きのあるグラフ）になる．フォローという関係は，現実世界での友人関係を表していることもあるが，単に相手の発信する情報に興味を持っているということだけ（現実世界で関わりがあるとは限らない）を表していることもある．このようにエッジの意味が単一でないことから，Twitter のフォローネットワーク（ユーザのフォローという行為で構成されるネットワーク）は多くの研究者の興味を惹(ひ)き付けている．

Twitter のフォローネットワークに対して，初めて大規模な実験を行ったのはカク（Haewoon Kwak）らである[66]．カクらは，Twitter 社の研究者ではなかったので，独自に Twitter のフォローネットワークにアクセスして，そのデータを収集した．彼らは，あるユーザを起点に幅優先探索（あるユーザがフォローしている全てのユーザ（フォロウィー，followee）を取得し，またそのユーザをフォローしている全てのユーザ（フォロワー，follower）を取得し，取得した新たなユーザ群に対して同じことを繰り返す）を行った．その結果，4,170 万人のユーザから構成されるフォローネットワークを取得した．

MSN メッセンジャーの会話ネットワークと Facebook の社会ネットワーク

の分析での最も重要な発見は平均頂点間距離にあった．しかし，カクらが行った研究での最大の功績は，従来の研究のようなスモールワールド性に関するものではなく，Twitter のフォローネットワークの非対称性にあった．それはすなわち，フォロー関係にあるユーザペアにおいて（そのフォローの向きに関わらず），相互にフォローしている割合はわずか 22.1％しかなく，そのほとんど（77.9％）が一方方向であるということであった．Twitter を SNS の 1 つと見なす研究者もいるが，この研究結果以降，Twitter のユーザネットワークは，実世界の人間関係を表した社会ネットワークというよりも，人々の興味の関係を表した**興味ネットワーク**（interest graph）であると見なされるようになった．これが，Twitter を SNS と見なすか，あえてマイクロブログという別カテゴリに分けるかで賛否が分かれる理由であろう．

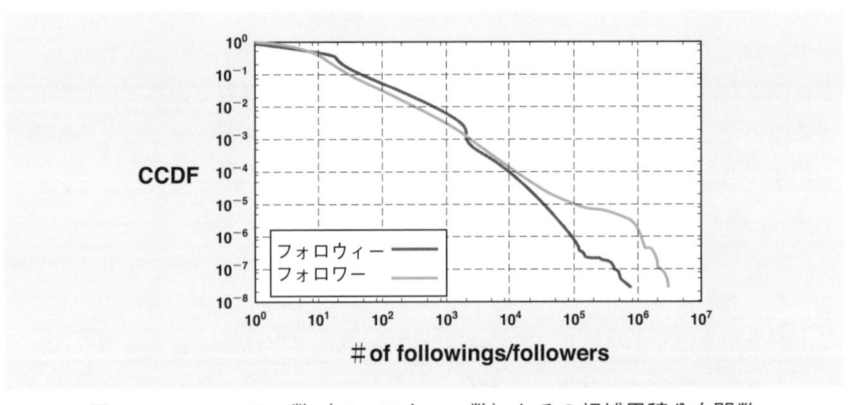

図 6.2 フォロワー数（フォロウィー数）とその相補累積分布関数の値（**CCDF**）．
（論文 [66] より著者の了解を得て転載）

また，カクらはユーザのフォロワーの次数はべき分布に従い（図 6.2 参照），スケールフリー性を持つことも示した．図 6.2 の横軸は，フォロワー数（Followers）またはフォロウィー数（Followings）で，縦軸は，その数のフォロワー数またはフォロウィー数を持つユーザがどれぐらい多く存在するかを表す（実際には，CCDF（Complementary Cumulative Distribution Function，相補累積分布関数）という人数の割合で表されている）．ここで興味深いのは，100,000 人以上のフォロワーのいる人の分布は，べき則の分布（べき指数は 2.276）から逸れて，傾斜がなだらかになっている点である．すなわち，100,000 人以上のフォロワー数を持つユーザの数はべき則の分布よりも多いことが分かる．これは，有名人が Twitter をしていて，非常に多くのフォロワーを集めているためだと思われる．一方，フォロー（フォロウィー）の方は，これと逆の傾斜になっており，100,000 人以上のフォロワーのいる人の分布は，べき則の分布（べき指数は 2.276）から逸れて，傾斜がより急になっている．アカウントの管理者が一人の人間だとすると，タイムラインで追えるユーザの限界を超えると，急速にその数が少なくなるのかもしれない．

また，カクらは，これまでの研究と同様に任意の 2 人のユーザ間の隔たりを表す平均頂点間距離も調べた．エッジの大部分が一方方向であったことから，隔たりの次数は一般に知られていた 6 次よりも大きくなると予想していた．しかし，結果はその逆で隔たりの平均次数は 4.12 に過ぎず，ペアの 70.5 %は 4 以下の次数，97.6 %は 6 以下の次数しか持たないことが分かった．これは，エッジに向きがあることから，非常に多くのフォロワーを集めているユーザが存在するためだと思われる．このことも，情報拡散を行うメディアとしての強力さを示すこととなった．

また，同質性（homophily）についても調査しており，相互フォローユーザが近い地域に住んでいるかどうか（実際には Twitter の time zone で判定）を確かめた．その結果，フォロワーの少ないユーザは，time zone の時間差が少ないことが分かった．すなわち，フォロワーの多くないユーザは，近い地域の人たちとコミュニケーションを取っていることが分かる．一方，フォロワーの多い有名人などは，遠い地域の人たち，さらには外国の人たちともコミュニケーションを取っていることが分かる．また，同質性の一種の同類選択性（assortativity）についても調べた．具体的には，ユーザごとにフォロワー数とその人の相互フォローユーザのフォロワー数との関係を調べた．そうするとフォロワー数の多い人は，やはりフォロワー数の多い人と相互フォローの関係にあることが分かった．Twitter は，相互フォローの割合が低いのにも関わらず，その中でも同質性を維持しているという点は興味深いものである．

6.2 社会イベントの検出

従来，人々が情報発信を行う場所や時間は，自宅で一人になりパソコンに向かっているときやオフィスで仕事をしているときなど，非常に限られたものであった．しかし，今では人々はスマートフォンを持って外出し，好きな時間に好きな場所で情報発信するようになった．この原稿を書いている2020年現在では，人々が最も用いている情報端末はスマートフォンであるが，10年，20年後には，全く違う形態の情報機器を用いているかもしれない．しかし，情報機器が小型になっていき，人々はいつでもどこでも情報閲覧できるようになるという方向から後戻りすることはないと思われる．どのような形態の端末であったとしても，人々は情報閲覧や情報発信に対して，今存在している制約からは，より開放されているであろう．スマートフォンとソーシャルメディアというハードウェアとソフトウェアの両方の革新により，人々は社会で起きたこと，目にしたこと，個人の体験などを，電子化した形式で広く共有するようになった．そのため，Web（ソーシャルメディア）は，社会で起きたイベントや起こりつつあるトレンドなどをいち早く検出することができる**ソーシャルセンサ**として働くことになった．特にマイクロブログサービスであるTwitterは，140字という字数制限を設けたことで，人々はより気楽に情報発信するようになった．ここでは，ソーシャルメディアにおける投稿を用いた社会イベント検出の研究事例について紹介する．

6.2.1 ニュースの検出

ニュースの発見事例

Twitterのサービスが開始されたのは2006年7月であるが，Twitter上のつぶやきから大きなニュースが発見されるようになったのは，3年ほど経過した2009年頃になる[67]．例えば，2009年6月25日にマイケル・ジャクソンが亡くなったが，このときに911の緊急通報で救援を求めた20分後には，マイケル・ジャクソンの急死に関するツイートが投稿された．これに対して，既存のニュースメディアで，初めてこのニュースを報道したのは，通報から2時間後であった．ニュースの速報性という点において，ソーシャルメディアが既存メディアに勝った事例の1つである．また，2009年のイランの選挙では，報道規制が厳しかったイランにおいて，その国で何が起きているのかが市民により Twitter に投稿され，それがリツイートされることにより世界中に拡散された．世界の人々は，ソーシャルメディアにより，イランで何が起きているのかを知ることができたのである．これも，既存メディアでは実現できなかったニュースの発見事例の1つである．

日本では2010年に動画共有サイト YouTube に尖閣（せんかく）諸島沖で日本の巡視船と中国漁船の衝突する映像が流出し，それから多くの報道機関でそのことが報道された．2011年の東日本大震災では，人々が地震や津波の映像を撮影し，発信した．それらの映像は，多くの報道機関で利用されることになった．これ以降，特に事件や事故，自然災害において，一般ユーザによるソーシャルメディアへの投稿（特に画像や映像）から，報道機関による報道につながることは頻繁に見られるようになった．従来はテレビ局や新聞社などのマスメディアが事件やイベントを発見し，それについて調査を行い，まとまったニュースとして配信していた．しかし上記の例から分かるように，先に人々が世の中の事件やイベントを知り，それをソーシャルメディアに投稿することで，マスメディアがそれらの存在を知り，記事やニュースにすることが増えてきた．従来のニュースの伝達とは逆の流れが起きつつあると言える．

トレンドトピックの鮮度

実世界・実社会で起きたイベントは，どれだけ早くに Twitter でつぶやかれているのであろうか．Twitter のつぶやきの鮮度について最初に研究を行ったのはカクらである[66]．彼らは，Twitter がサービスとして提供しているトレンドトピックの内容と Google がサービスとして提供している人気キーワードリスト，および CNN のヘッドラインニュースを比較した．Twitter のトレンドトピックとは，Twitter で今まさにつぶやかれているキーワード（トピック）のことである．Google の人気キーワードリストは，最近よく検索に用いられたキーワードを示したものである．ただし，Twitter のトレンドも，Google の人気キーワードリストも，その選択のアルゴリズムは非公開であるため，その網羅性や人気の度合い，その速報性について，完全とは言い切れない点には注意が必要である．

彼らは最初に，Twitter のトレンドと Google の人気キーワードの新鮮さ（目新しさ）に注目した．すなわち，そのトレンドがどれだけ新しいかを，「その日のうち」,「一日経過」,「一週間経過」,「それ以上」の4段階で調査した．その結果，Twitterのトレンドは Googleの人気キーワードよりも，新鮮さが低い，すなわち古いトピックを扱っていることが分かった．実世界で起きた事故や災害のようなイベントでは，Twitterのトレンドの方が Googleの人気キーワードよりも早くに顕在化するかもしれないが，経済や芸能などのニュース，その他多くのコンテンツは Twitterではなく Webから発信されているのかもしれない．また，人は何か新しいことが世の中で起きつつあるとき，あるいはある事件が起こったときに，そのことについて情報発信するよりも，まずは Web上で情報を検索するのかもしれない．

また，Twitterのトレンドと CNNのヘッドラインニュースとを比較したところ，多くのトピックは CNNのヘッドラインニュースの方が先に報道されていることが分かった．前項で，ソーシャルメディアからマスメディアへのニュースの流れの逆転現象が起きているという話をしたが，依然として多くのニュースは，先にマスメディアで発信されたことが分かる．しかし，ニュース（イベント）によっては Twitterの方が早く情報発信が行われていることも報告されており，Twitterのソーシャルセンサとしての可能性についても示唆されている．しかし注意したいのは，この調査結果は2010年のものであり，まだスマートフォンが普及する前のことであった点である．したがって，今では Twitterの情報鮮度も当時よりは高くなっている可能性がある．

リツイートの予測

Twitterから実世界で起きたニュースやイベントを検出するには，Twitter上で今後リツイートされそうなツイートを予測する必要がある．デヴィソン（Brian D. Davison）らの研究グループでは，ツイートの内容と，ツイートを投稿した人の特徴，そしてツイートされた時刻などの情報から，そのツイートが将来にリツイートされるかどうかと，今後どれだけリツイートされるかを予測した[68]．この研究では，ツイートの特徴として，ツイート中の単語の出現頻度やその投稿者のフォローネットワーク上での特徴（次数分布や周辺ネットワークにおけるクラスタ係数）などを採り上げ，機械学習アルゴリズムで，将来リツイートされるかどうかと，将来どれぐらいリツイートされるか（リツイートされる回数）を予測した．

将来リツイートされるかどうかは，99.3％の精度と43.5％の再現率で予測可能であることが分かった．将来どれぐらいリツイートされるかは，0：リツイートされない，1：1以上100未満の回数リツイートされる，2：100以上10,000未満の回数リツイートされる，3：10,000回以上リツイートされる，という4つのクラスを設け，マルチクラスの分類を行った．その結果，リツイートされないものの予測と，10,000回以上リツイートされるものの予測では，90％以上の高い精度で予測できることが分かった．これらの結果から，再現率には課題は残るものの，高い精度でリツイートされるかどうかと，非常に多くリツイートされるかどうかを予測できることが分かった．

トレンドの検出

Twitterには多くのユーザが投稿しているが，それらの投稿から世間のトレンドを検出する試みもある．ブログが出始めた頃に，ブログで流行りつつあるキーワードを検出する試みが行われた[69]．この検出は，一般に**バースト検出**(burst detection)と呼ばれる．バースト(burst)とは，それ以前はそれほど頻繁に出現しなかったキーワードが，ある時期を境に急に頻出するようになることを指す．

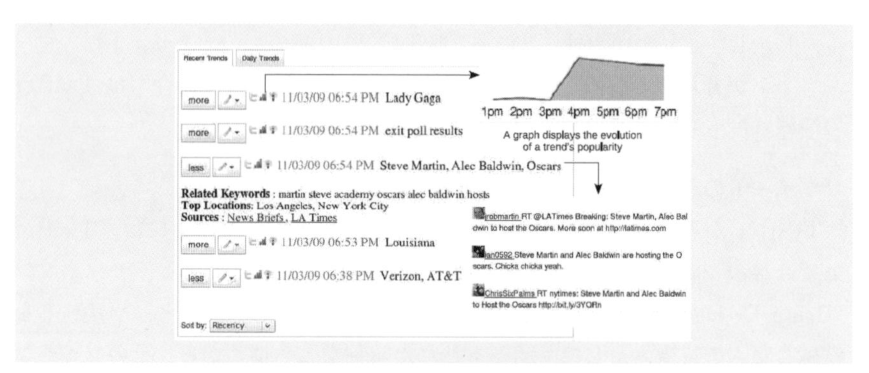

図 6.3　検出したトレンドの可視化
（論文 [70] より著者の了解を得て転載）

コーダス(Nick Koudas)らの研究グループではらは，Twitter上でバースト検出を行い，バーストしたキーワードからトレンドの検出を試みた[70]．彼らは，まず爆発的に頻度が増えたキーワードをバーストとして検出し，いくつかのバーストしたキーワードを，同時期に発生したかどうかを見てグループ化を行い，そのグループを1つのトレンドと見なした．そして，それらのキーワードに関連する情報も検索して提示するシステムを開発した．ツイート数の変化や，関連するキーワードのリスト，代表的なツイート例などを画面上で同時に確認することができ，Twitter上で流行りつつあるトレンドの内容を一目で理解できるようになっている（図6.3参照）．

バースト検出

先ほど紹介したコーダスらの研究では，彼らが独自に開発したアルゴリズムでバースト検出を行っている．しかし，その基本的な考え方は，クレインバーグ（Jon Kleinberg）が2002年に発明したバースト検出アルゴリズム[69]に基づいている．クレインバーグのバースト検出アルゴリズムは，このようなトレンドを検出する際の基本的なアルゴリズムとしてよく用いられる．クレインバーグのバースト検出アルゴリズムには，時間軸に沿って断続的に発生するイベントの時刻を基にバースト検出を行うもの（連続型と呼ばれる）と，単位時間ごとに発生した対象イベントの発生数を基にバースト検出を行うもの（列挙型と呼ばれる）の2種類があるが，本書では理解の容易な後者を説明する．

クレインバーグのバースト検出アルゴリズム（列挙型）では，時系列で発生する様々なイベントの中で，ある特定のイベントがどれほどの時間間隔で発生するかを見る．イベントとしては，電子メールの受信やSNSにおける投稿，荷物の出荷などが挙げられ，時間と共に発生するもので，その発生を検出できるものであれば何でもよい．電子メールでは，仕事のメールやスパムメールが急激に増えつつあるかを検出する．SNSでの社会分析であれば，あるキーワードを含む投稿が高い頻度で出現しているかを検出する．仕事のメールの発生は社会の経済状況に依存すると思われるが，スパムメールの発生はOS等のシステムの脆弱（ぜいじゃく）性の発見や世界の政治的な不安定さが理由になると思われる．SNSにおけるあるキーワードを含む投稿は，社会での流行に依存する．理由は何であれ，ある特定のイベントが非常に多くなってきているタイミングを検出する．注目するイベントを対象イベントと呼び，それ以外のイベントを非対象イベントと呼ぶ．

ある特定の離散時間t（一定の時間幅（batch）を持つ）において発生した総イベント数をd_tとし，対象イベントのイベント数をr_tとする．バースト検出アルゴリズムでは，各離散時間tにおいてバースト状態にあるか，ないかを推定する．i を，バースト状態にある (1) か否 (0) かの 2 値を表すことにする．すなわち，$i \in \{0,1\}$ である．p_i は各状態での対象イベントの生起確率である．バースト状態にないときの確率を p_0 とすると，バースト状態にない場合，平均的な対象イベントの割合は

$$p_0 = \frac{R}{D}$$

で計算される．ここで，

$$R = \sum_{t=1}^{n} r_t, \qquad D = \sum_{t=1}^{n} d_t$$

である．n は，分析対象期間（窓）を固定幅の矩形(くけい)時間（batch）に分割したときの分割数を表す．バースト状態時の対象イベントの生起確率を，

$$p_1 = s \times p_0$$

と表したとき，バースト状態にあるとは，十分に s が大きい場合になる．この s の値を任意に設定することで，任意の感度にてバーストを検出することができる．

実際には，以下の 2 つ重要な指標（コスト）に基づきバースト検出を行う．

(1) 状態コスト

1 つは，仮定した状態（$i = 0$ or 1）が発生するコスト σ である．コストは，以下の式で計算される．

$$\sigma(i, r_t, d_t) = -\log \left[\binom{d_t}{r_t} p_i^{r_t} (1 - p_i)^{d_t - r_t} \right]$$

ここで，log 中に出てくる d_t と r_t を縦に並べた表現は，組合せ数（すなわち d_t 個から r_t 個を選ぶ組合せ数）を表している．すなわち，log 中の数式は，確率 p_i で発生する事象の二項分布を表している．この確率分布における確率変数 r_t による確率（さらに対数をとり符号を反転させたもの）が，状態 i と見なしたときのコストの値となる．$i = 1$ としたとき（バースト状態であると仮定したとき），log 中の確率は，t において d_t 個イベントが発生し，そのうち r_t 個が対象イベントであるということがどれほど発生しやすいかを表している．バースト状態であると仮定したのにも関わらず，r_t の値が小さければ，そのような数の対象イベントが発生することは考えにくくなり，確率は低くなる．このような場合，コスト σ の値は大きくなる．

(2)　遷移コスト

もう 1 つは，状態遷移に対するコストである．単純に妥当性だけを用いると，偶然にも対象イベントが偏って発生した場合にバースト状態と認識され，また偶然にも対象イベントがあまり発生しなかった場合に非バースト状態と認識されることにより，頻繁にバースト状態と非バースト状態が入れ替わることが想定される．そこで，今の状態と異なる状態に遷移するためには，一定のコストを要することにする．このコストは τ として以下の式で表現される．

$$\tau(i_t, i_{t+1}) = (i_{t+1} - i_t)\gamma \log n$$

γ は，異なる状態に遷移する際のコストで任意に設定できるパラメータである．n は，窓を構成する時間区間数である．窓（window）とは，バースト検出を行う際に考慮する連続した時間区間の集合を表す．

バースト検出は，妥当性と遷移コストの和を基に行われる．すなわち，分析対象期間（窓）における状態 $\boldsymbol{i}$ のコスト $c(\boldsymbol{i})$ は，

$$c(\boldsymbol{i}) = \sum_{t=0}^{n-1} \tau(i_t, i_{t+1}) + \sum_{t=1}^{n} \sigma(i_t, r_t, d_t)$$

で計算される（ただし，$\boldsymbol{i}$ は長さ n の状態遷移列（ベクトル）として与えられる）．時間は，一定幅の離散時間が過去から現在まで並んでいるものとする．バースト検出に使う窓は，連続する時間区間を n 個切り取ったものになる．窓の位置は，今バースト検出を行いたい離散時間を $\acute{t}$ とすると，$\acute{t}-1$ の時間を中心として，$\acute{t}$ 以降の時間区間も含めて設定される．切り取った窓の時間区間において，それぞれバーストかそうでないかの状態を探索的に割り当てる．すなわち，窓内の時間区間において，バースト状態か非バースト状態かの全ての組合せを得る．それぞれの状態遷移系列 $\boldsymbol{i}$ に対して上記コスト $c(\boldsymbol{i})$ を計算する．コスト $c(\boldsymbol{i})$ が最小になった状態遷移系列 $\boldsymbol{i}$ を，各時間区間の状態とすることで，バースト検出を行う．

6.2.2　実世界イベントの検出

実世界における地理的な（局所的な）イベントを検出する研究や，実世界での多くのユーザの行動を分析して特徴的な行動を発見する研究も多く行われている．本項では，実世界のイベントの中でも自然現象や伝染病の発生に関する

ものと，観光や治安などの人々の行動に関するものを採り上げる．

自然現象の検出

最も代表的な研究は榊らによる Twitter のツイートを用いた局所的なイベントの検出である [71]．彼らは，地震や台風に関連するツイートを，ツイート中の単語情報に基づく機械学習で検出し，その後カルマンフィルタ（Kalman filtering）または粒子フィルタ（particle filter）と呼ばれる方法（それぞれ不確実性のある測定値から，ある時点での位置や速度を推定する方法）により，イベントの中心を予測している．実際の地震や台風の中心位置と予測した位置とのずれを比較し，ある程度の関連性があること示している（図 6.4 参照）．

また，サチドバ（Sonya Sachdeva）らは，Twitter の投稿データを用いた山火事の広がりに関する予測を行っている [72]．Twitter から，“wild fire”，“rough fire”，“valley fire” などのキーワードやハッシュタグを基に，山火事関連のツイートを収集し，カリフォルニア州の山火事の広がりを予測した．彼女らは，事前にクラウドソーシングを使って，各地域で山火事が起こっているかどうかのデータ

図 6.4 Twitter のツイートから予測した台風の進路（実線または点線）と実際の進路（破線）

（論文 **[71]** より著者の了解を得て転載）

を集め，物理的な広がりのモデルを構築した[73]．これは，信頼できる投稿に基づき生成したモデルである．そして，信頼性の劣るTwitterの投稿データを用いたときにも，山火事の推定が可能かどうかを検証した．また，この推定を行うための予測モデルを構築した．具体的には，ツイートの投稿内容から潜在トピックを求め，山火事に関連するトピックを含むツイートに限定して，山火事の予測を行っている．しかし，残念ながら，実験の結果，統計的な妥当性が保証できるほどの予測モデルは構築できなかった．ただし，潜在トピックを用いてツイートを限定することで，推定精度を高められる可能性を示唆している．これらは，局所的な現象の検出の困難さと，トピック抽出が有効となる可能性を示すものと言える．

伝染病流行の検出

チョウ（Hui Zhao）の研究グループは，中国のSNS（マイクロブログサービス）であるWeiboの3,500万もの投稿データから，インフルエンザが流行るかどうかの予測を行った[74]．彼らは，まず一人ひとりのユーザの発言が，インフルエンザ感染に関するものかどうかを，“high fever”や“sore throat”などの決まった表現を含むかどうかで判定した．その後，発言に付与されたGPSによる位置データ（大半の発言には付与されていないが，一部の発言には付与されている）を用いて，その発言の発信位置を突き止めた．これを都市レベルで集約し，都市ごとにどれほどツイートがあったかを数値化した．この値と中国政府の保健機関であるCDC（Chinese Center for Disease Control and Prevention）

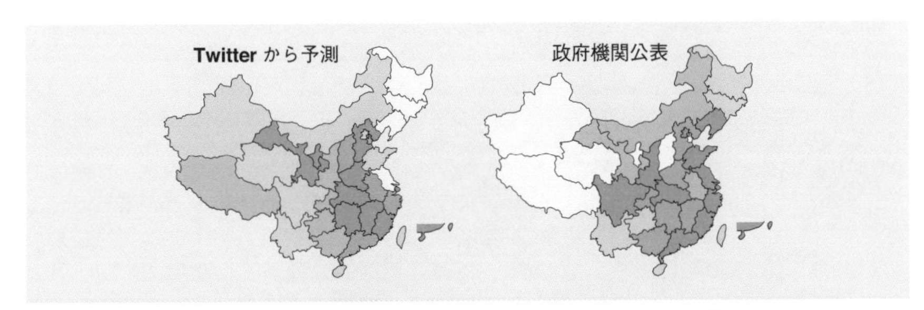

図 6.5 **Weiboの投稿から予測したインフルエンザの蔓延の程度（左）と中国政府保健機関が公表した実際のインフルエンザの蔓延の程度（右）**

（論文 [74] より著者の了解を得て転載）

が発表したインフルエンザ蔓延(まんえん)の程度を，都市ごとに比較した．すると，図6.5に示したように，Twitterからの推定値とCDCの調査結果との間には，ある程度の相関があることが分かった．この研究より，Twitterの投稿からインフルエンザの蔓延の程度をある程度推定できることが分かった．時系列の変化を観測すれば，将来の蔓延についても予測できるかもしれない．

観光スポットの検出

サグル（Gunther Sagl）らは，Flickrにおけるジオタグ（位置情報のことで，緯度と経度の数値で表したもの）付きの投稿データを用いてストリート単位での投稿頻度を測定し，どこが写真スポットとなっているかを可視化した[75]．図6.6に，ニューヨークのマンハッタンにおいて，ストリート単位での投稿頻度を可視化した結果を示す．この図より，写真撮影が多く行われている交差点や通りがあることが分かる．この図の中央にマンハッタン島があるが，その左下の海の上にも写真投稿を示す点が存在することが分かる．ここは，ニューヨークの観光名所の1つであるブルックリン橋があるところで，歩いて渡ることが1つの観光プランになっている．観光客の多くは，橋の上からロウアーマンハッタンのビル群の写真を撮るのだが，それが可視化されている点が興味深い．一人ひとりの行動だけを見ていたら気付かなかったことも，たくさんの人々の行動を集約することにより，発見できることが分かる．

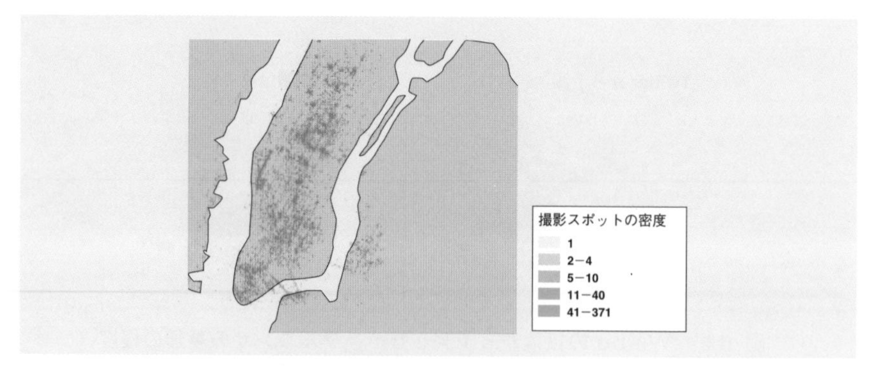

図6.6 **Flickrのデータを用いたニューヨーク・マンハッタンの写真スポットの可視化**
（論文 [75] より著者の了解を得て転載）

治安の推定

ソーシャルメディアにおける地域の治安の程度を推定する研究も行われている．例えば，ホワイト（Ann Marie White）らは，Twitter における感謝に関する表現と緊急通報（911）がどれだけ呼ばれやすいかの相関を，地域ごとに調べている[76]．彼らは，Twitter において，感謝に関する表現（“thanks”，“thx”，“thnx”，“ty”，“thank”）をリプライで述べているユーザペアを抽出している．地域ごとの分析をするため，ジオタグ付きでツイートしたユーザペアを対象にしている．このような表現があるユーザペアは，片方のユーザからもう片方のユーザに助けを施したものと考えられる．このような社会的支援（social support）が多い地域では，犯罪に起因する緊急通報（911）が少ないと思われる．

誰かに助けを施したと思われるユーザをヘルパーと定義し，ヘルパーの居住地から近い距離（200 m 範囲内）と，そこから遠い距離（300～400 m 圏内）において，911 による警察出動要請がどれだけあったかを比較している．すると，ヘルパーの居住地から近い距離では，911 の回数が少なく，ヘルパーの居住地から遠い距離では，911 の回数が多いことが分かった．様々な内容が投稿される Twitter の投稿データから，良質のコミュニケーションにのみ注目し，治安との関連を見ている点が興味深い．「ありがとう」というお礼に対する手がかり表現の種類がそれほど多くない点も，分析を容易にしている．社会的な互恵関係を前提とした社会的支援は，地域の問題を解決する際に重要な役割を果たすと期待されている．この論文の発見は，地域のコミュニティ作りに大きな示唆を与えるものと言える．

出生率と乳児死亡率

Google の検索トレンドと国勢調査局などの公的調査機関の公式発表データを組み合わせて社会現象を解明することも，1 つの社会科学研究の方法論として確立しつつある．例えば，レッチフォード（Adrian Letchford）らは，アメリカの州ごとの Google の検索トレンドのキーワードと，米国疾病予防管理センター（Centers for Disease Control and Prevention）[†1]発表の州ごとの出生率と乳児死亡率を基に，人々の検索行動と出産（または育児）に関する傾向に関係があるかどうかを調査している[77]．

[†1] http://wonder.cdc.gov/natality.html

具体的には，彼らは米国疾病予防管理センターより州ごとの出生率（2012年の1,000人当たりの出生数）と乳児死亡率（2010年の出生した乳児1,000人当たりの死亡数）を取得した．また，彼らはGoogle Correlate†2というサービスを利用している．このサービスは，州と極めて相関（連関）の高い検索に用いられたキーワードを提示してくれる[78], [79]．彼らは，上記の州ごとの出生率（または乳児死亡率）をGoogle Correlateに入力し，出生率（または乳児死亡率）に極めて高い正の相関があるキーワードと，逆に極めて高い負の相関があるキーワードを得た．

図6.7に出生率と相関の高いキーワードを，図6.8に乳児死亡率と相関の高いキーワードを示す．各図のAは，州ごとの出生率と乳児死亡率である．Bの左側が正に相関の高いキーワードで，右側が負に相関の高いキーワードである．Cは，上記の相関の高かったキーワード群がどのようなトピックを有しているかについて，Amazon Mechanical Turkでアンケートを取った結果である．出生率と正の相関があったキーワードの例としては，“pregnancy workout（妊娠時の運動)”や“baby constipation (赤ちゃんの便秘)”，“baby announcement (出産報告)”などが挙げられる．一方，出生率と負の相関があったキーワードの例としては，“dry cat food（乾燥キャットフード)”や“older cats（年老いたネコ)”，“cat not eating（ネコの拒食症)”が挙げられる．また，乳児死亡率と正の相関があったキーワードの例としては，“loan for bad credit”や“people with bad credit”，“abnormal pap smear（子宮頸(けい)がん細胞診における「異常」との診断結果)”，“transmitted diseases（感染症)”などが挙げられる．乳児死亡率と負の相関があったキーワードの例としては，“red cabbage salad ”や“simple frosting（離乳食用の自然食ペースト)”，“carob chips（イナゴマメのお菓子)”が挙げられる．これらの検索キーワードから，人々が出産を諦めて（または子供のいない生活を選択して）ペットにネコを飼っている傾向や，生活に困窮している人が育児に手が回らない傾向，赤ちゃんの栄養に気を使っている人が順調に育児ができている傾向が伺える．

---

†2 http://www.google.com/trends/correlate

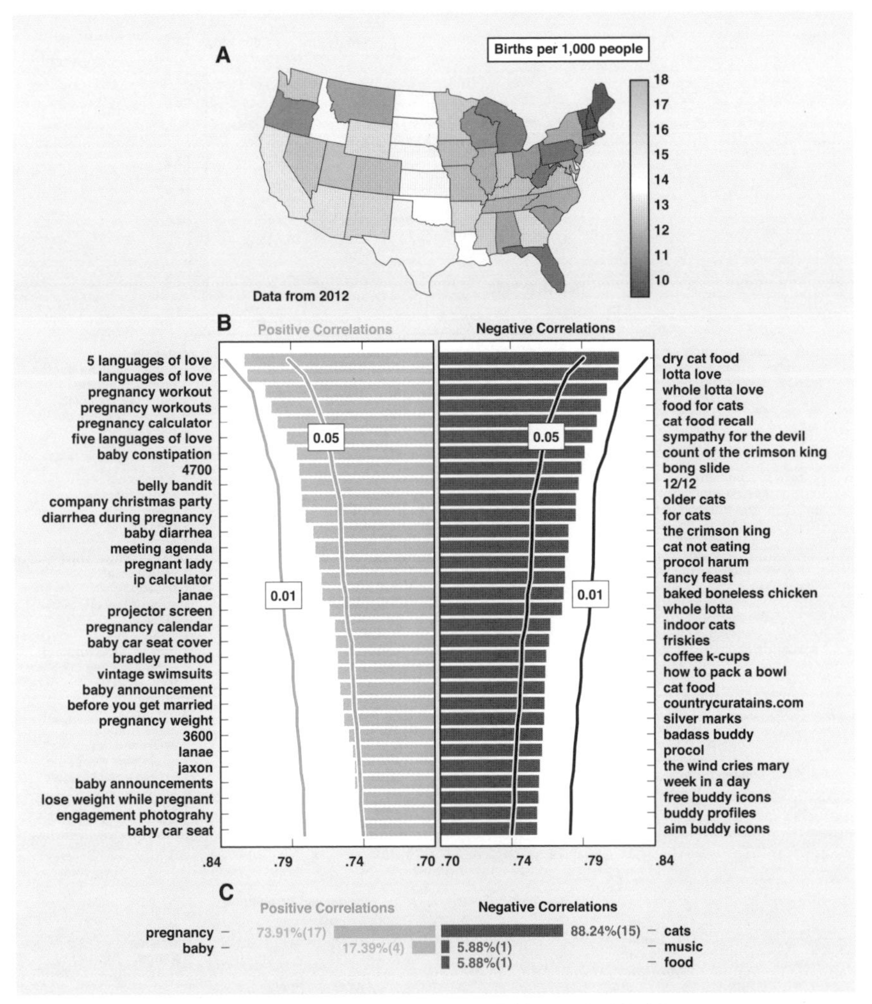

図 6.7 出生率と検索キーワードとの関係. **(A)** 州ごとの **1,000** 人当たりの出生数, **(B)** 左側：出生率と高い正の相関を示した検索キーワード, **(B)** 右側：出生率と高い負の相関を示した検索キーワード, **(C)** 左側：アンケート調査で明らかになった上記のキーワードのうち「妊娠」というトピックに関連すると答えたキーワードの割合, **(C)** 右側：アンケート調査で明らかになった上記のキーワードのうち「ネコ」というトピックに関連すると答えたキーワードの割合.
（論文 **[77]** より著者の了解を得て転載）

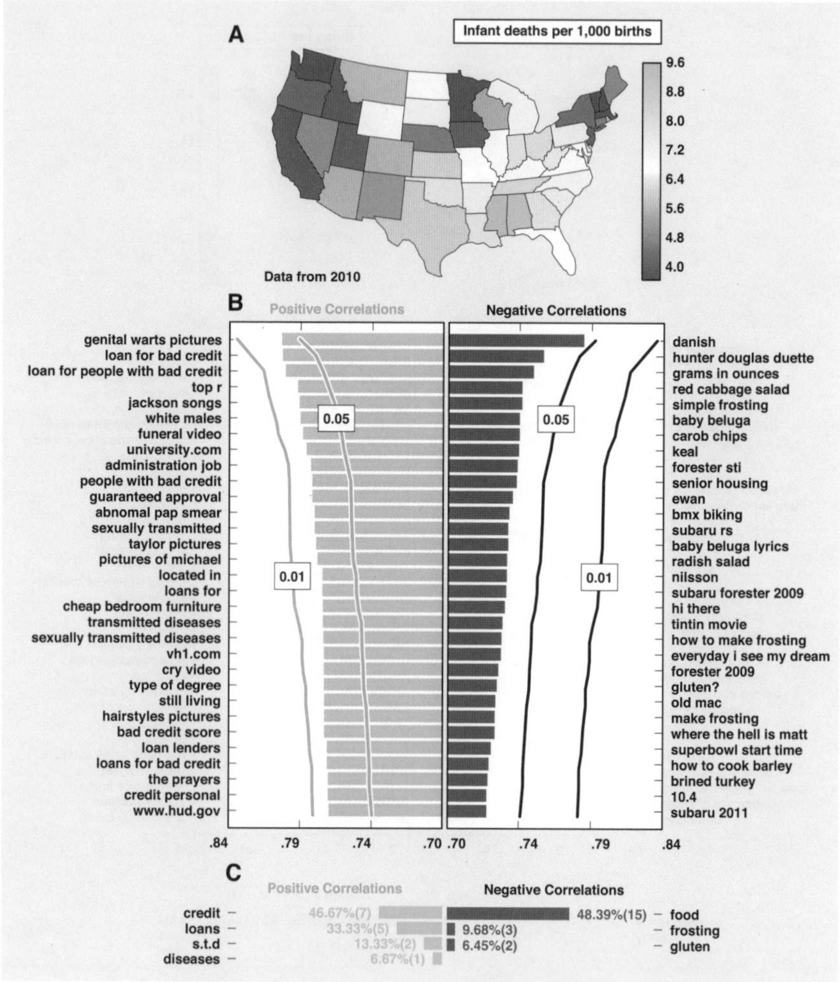

図 6.8 乳児死亡率と検索キーワードとの関係．**(A)** 州ごとの乳児 **1,000** 人当たりの死亡数，**(B)** 左側：乳児死亡率と高い正の相関を示した検索キーワード，**(B)** 右側：乳児死亡率と高い負の相関を示した検索キーワード，**(C)** 左側：アンケート調査で明らかになった上記のキーワードのうち「借金」というトピックに関連すると答えたキーワードの割合，**(C)** 右側：アンケート調査で明らかになった上記のキーワードのうち「食べ物」というトピックに関連すると答えたキーワードの割合．

（論文 **[77]** より著者の了解を得て転載）

演習問題

問題 1 Facebook や Twitter における社会ネットワーク分析において，それまで手紙の手渡しによる方法で推定されていた 6 次の隔たりよりも，はるかに短い距離で人々がつながっていた原因について論ぜよ．

問題 2 リツイートの予測に用いることができそうなユーザ特徴，ユーザの投稿の特徴，周辺のネットワーク特徴を思いつく限り列挙せよ．

問題 3 クレインバーグのバースト検出手法では，2 つの指標（コスト）に基づいている．これらについて簡潔に説明せよ．

問題 4 教育や犯罪，出産など，人間の実世界での活動のうち，ソーシャルメディアのデータから，その活動の程度を予測できそうなものについて，思いつく限り列挙せよ．

第7章
ソーシャルメディアにおけるユーザ心理

人類の長い歴史の中で，ソーシャルメディアは最先端のコミュニケーション媒体であると述べた．遠隔地との非同期コミュニケーションは郵便制度によって，同期コミュニケーションは電話によって実現された．ソーシャルメディアも遠隔地とのコミュニケーションを実現するものであるが，上記のようなコミュニケーション媒体とは，かなり異なると感じる読者も多いであろう．従来のコミュニケーション媒体においては，コミュニケーションの相手が決まっていることが多かった．多くの場合は，相手は一人であり，複数いたとしても，その人たちのコミュニティは特定されていた（例えば，クラスメートや職場の同僚など）．一方，ソーシャルメディアにおけるコミュニケーション相手は，これほど明確に決まっているわけではない．親しい友人から，何年も会っていない旧友，そして見知らぬ人々まで，実に多様である．すなわち，時間や空間だけでなく，現実世界の人間関係からも制約を受けないコミュニケーション環境であると言える．このような環境における人間の行動やその背後にある心理は，学術的には未知のことがらが多く，多くの研究者の興味を惹(ひ)き付けている．またビジネスの分野においても，新しいマーケティングチャネルになったり，市場調査の実践場になったりする可能性があり，注目されている．本章では，ソーシャルメディアにおけるユーザの行動の特徴とその背後にある心理について説明する．

7.1 コミュニケーション媒体としてのソーシャルメディア

多くのユーザにとって，スマートフォン上で最も時間を使っているアプリケーションは，SNS とゲーム，そして動画サービスであろう．現在多くのサービス産業において，コミュニケーションとエンターテイメントの重要性が高まりつつあると言える．2 章で述べたように，SNS とその広義の概念であるソーシャルメディアにおける不可欠な要素は人と人とのコミュニケーションである．よって，これらは一種のコミュニケーション媒体であると言える．そして，ソーシャルメディアは，従来人間が使ってきたコミュニケーション媒体とは，かなり異なる性質を有している．本章の主題であるユーザ行動とユーザ心理の話をする前に，なぜソーシャルメディア上でこれらの分析をすることが重要なのかを，従来のコミュニケーション媒体にはない新規性を触れつつ説明する．

7.1.1 コミュニケーションの活性化と匿名性

これまで現実世界においては，既存の知り合いや友達とコミュニケーションを取ろうとすると，多くのエネルギーを必要とした．普段会っていない友達であれば，個別に手紙を書いたり電話をかけたりする必要があった．知り合い程度の人に連絡を取ろうとすれば，比較的フォーマルな形式で手紙を書く必要があった．また，普段会っている友達でも，気軽な雑談をするには，直接会って話をしたり，互いに家にいる時間を見計らって電話をかけて話をしたりする必要があった．すなわち，このことは同じ時間に制約された場所に居合わせる必要があることを意味する．そのため，ソーシャルメディアの誕生以前では，現実世界における社会ネットワークにおいて，ある 2 人の人間の関係が活性化される頻度（すなわち，会って話をしたり手紙を交換したりする頻度）は，それほど多いものではなかった．また，人々は広くその関係を活性化させようとすると，極めて多くのエネルギーを必要とした．なぜなら，多くの人に手紙を書いたり，訪問して回ったりする必要があったからである．かつての商習慣に，新年のあいさつのために，上長や取引先，知人などの家々を回る年始回りが存在したが，それには相当な労力がかかっていたと思われる．そのため，人々が持つ社会ネットワークにおける大部分は，ほとんど非活性の状態にあり，暗黙的なものであった．

ソーシャルメディアは，それまで現実世界におけるコミュニケーション手段では実現できなかった複数人との関係の活性化を同時に行うことを可能にした．例えば，Facebookでは自分の近況を投稿すれば，つながりのある友人は全員その投稿を見ることができる．また，活性化に必要なアクションのコストを下げることによって，これまでにない頻度で活性化を行うことが可能になった．例えば，年に1回の年賀状のやり取りで，かろうじて関係が続いていた旧友と，Facebookでつながったとたん，毎日のようにお互いの出来事を伝え合うようになったということは，よくある話である．また，毎日顔を合わせる友人でも，ソーシャルメディアの出現以前は深夜に連絡を取ることは少なかったであろうが，ソーシャルメディアでつながった後は相手の深夜のつぶやきに返事をすることも容易になった．このようにソーシャルメディアの登場により，社会ネットワークのエッジ（つながり）の活性化に対する障壁が非常に低くなったと言える．

さらに，ソーシャルメディアは，それまで現実世界では実現できなかった匿名での関係性を構築することも可能にした．例えば，Twitterでは日本のユーザにおける匿名での利用の割合は76.5％にも上る（総務省の情報通信白書（2017年7月）より）．現実世界の友人と名前も知らない赤の他人の両方とつながりあったプラットフォームにおいて，人々は自己開示を行い，コミュニケーションを行うことになった．これは，ソーシャルメディア以前のコミュニケーションではありえなかったものである．

7.1.2　コミュニケーション媒体としての新規性

前項ではソーシャルメディアがもたらしたコミュニケーションの主要な変化について述べたが，本項ではソーシャルメディアの機能や，そこでのコミュニケーションの性質において，従来のコミュニケーション媒体にはない特徴を述べる．

(1)　物理表現の多様化

ソーシャルメディア以前にも，人々は様々な物理的な表現手法（以下，**物理表現**）を用いてコミュニケーションを行ってきた．例えば，顔の表情であったり，音声であったり，視覚的な記号や文字であったりである．電話やメールなどの技術によりコミュニケーション媒体も変化してきたが，ソーシャルメディア以前の遠隔でのコミュニケーションを実現する媒体（以降，遠隔コミュニケーション媒体）では，使える物理表現が限られていることが多かった．例えば，電話であれば音声（音響信号）であったり，メールでは文字であったりである．これは，現実世界で実際に会ってコミュニケーションを行うことに比べると，表現手段が極めて限定的であることを意味する．ソーシャルメディアが誕生してからは，遠隔コミュニケーションで使える物理表現が多様化し，またそれらを1つのサービスで使い分けることができるようになった．物理表現としては，テキスト，タグ，音声，画像，動画，アイコンなどがある．従来の遠隔コミュニケーション媒体では，画像や動画を相手に送ったり共有したりすることは困難であり，「いいね！」やスタンプのようなアイコンを用いたコミュニケーションは存在しなかった．また，タグやハッシュタグのような，緩く興味のある人々をつなぐようなシンボル（仕組み）も存在しなかった．スタンプやタグのような物理表現は，そもそも現実世界でのコミュニケーションにおいても，存在しなかった表現である．相手に伝えたい内容に応じて，これらの物理表現を自由に使い分けられるようになったことは，ソーシャルメディアが人々のコミュニケーションにもたらした革新の1つである．

(2)　コミュニケーション範囲の多様化

従来のコミュニケーション媒体が対象とする人々のコミュニケーションとしては，1対1でのコミュニケーションか，少人数でのグループコミュニケーション，講師と複数の受講生から構成される講義形式でのコミュニケーションなど，限られた人数であり，そこに集う人々もすでに何らかの関係性を持つ者に限られていた．ソーシャルメディアでは，上記のようなコミュニケーション範囲に限らず，1つの投稿で自分の社会ネットワークの全ての友人に情報提供できたり（その社会ネットワークには，親しい友人から一度しか会ったことがないような仕事の関係者まで，多様な人間関係を含むこともある），自分は直接は知らない近いユーザ（例えば友人の友人）にも見てもらえたり，さらにはキーワードやハッシュタグでの検索により知らない赤の他人にも見てもらえたりと，多様な範囲でのコミュニケーションが可能になった．すなわち，より多くの人数に同時にコミュニケーションを取ることができるようになり，また社会ネットワークにおいてより遠い人々ともコミュニケーションを取ることができるようになった．これは従来のコミュニケーション媒体では，決して実現できなかったことである．

(3)　ユーザ実体の多様化

従来のコミュニケーション媒体であるメールや電話，直接の会話においては，コミュニケーション相手を事前に特定しておく必要があった．この制約のため，コミュニケーション相手は，実世界・実社会において常に特定されている者であった．そのため，相手の名前（実名）を知っており，相手が女性なのか男性なのかも分かっていた．しかし，ソーシャルメディアの一部では，匿名での利用が可能である．また，匿名が故に，ユーザアカウントの性別が分かっていなかったり，実際のユーザとは逆の性別を使っていたりすることもある．また，1人のユーザが複数アカウントを保有し，それらを使い分け，まるで別の人格として振る舞っているようなものもある．また，人工知能の発達により，1人の人間のようにアカウントを保持しているが，その発言内容は，コンピュータプログラム（人工知能）により自動で生成させ，本物の人格を保有していないものすらある．すなわち，不特定多数のユーザとコミュニケーションを取ることができ，また実世界とは別の人格を装い相手とコミュニケーションを取ることもできるようになり，さらに自分の代理としてコンピュータプログラムを通して他人とコミュニケーションを取ることもできるようになったのである．また，実世界の性別や外見にとらわれないコミュニケーションも可能になった．すなわち，ソーシャルメディアは，コミュニケーション主体者の在り方に，大きな自由度と多様性をもたらしたと言える．

人々の間のコミュニケーションにおけるこれらの変革は，人々の行動様式を変え，また人々の心理にも影響を与えるようになった．そこで，ソーシャルメディアというコミュニケーション媒体（大きく言うと社会基盤）において，人々の行動とその内面に焦点を当てる研究が多く行われるようになった．このような研究は，計算機科学の研究者だけでなく，社会学や心理学の研究者も注目している．以降の節では，このようなプラットフォームにおける人々の行動と心理に注目し，特にソーシャルメディアの利用目的（意図），人々の性格（人格），うつや妬みなどの負の感情に関する研究について紹介する．

7.2 利用目的（意図）

心理学の分野において，研究者がある特定のドメイン（環境やサービス）に興味を持ったときに，最初に疑問に思うことは，そのドメインにおける人々の意図またはモチベーション（motivation）である．多くの人がソーシャルメディアを利用するようになったことで，ソーシャルメディアも心理学者の興味の対象となった．特に，Twitter や Facebook のような人気のあるソーシャルメディアが登場して数年が経過した 2000 年代後半に，人々のソーシャルメディアに対する**利用目的**（意図，モチベーション）に関する調査研究が相次いで行われた[80], [81], [82]．この節では，これらの調査研究での発見について紹介する．

7.2.1 投稿ごとの目的

人々は意識しているか否かに関わらず，何らかの目的を持ってソーシャルメディアに投稿しているものと思われる．自己宣伝のようなはっきりした目的を持って投稿することもあれば，ちょっと誰かに見て欲しいというような弱い目的でつぶやきを投稿することもある．そこで，ナーマン（Mor Naaman）らは，個々の投稿ごとにその投稿の意図（モチベーション）を調査した[80]．彼らは，3,379 の Twitter の投稿メッセージを 8 人による人手で以下の 9 つに分類した．

情報共有：Information sharing（IS）
自己宣伝：Self promotion（SP）
意見表明：Opinions/Complaints（OC）
つぶやき：Statements and random thoughts（RT）
今の自分の通知：Me now（ME）
質問：Question to followers（QF）
自身の状況更新：Presence maintenance（PM）
自身の小話：Anecdote (me)（AM）
他人の小話：Anecdote (others)（AO）

情報共有（IS）は他人へのためになる情報の提供，自己宣伝（SP）は自分が成し遂げたことの報告，意見表明（OC）はあるニュースやイベントに対する意見や批判，つぶやき（RT）は自分の感情のつぶやき，今の自分の通知（ME）

は今の自分の状況の報告，質問（QF）はフォロワーへの質問，自身の状況更新（PM）はすでに自分の近況を知っている人向けの状況報告，自身の小話（AM）と他人の小話（AO）は自分または他人に関する秘話や小話である．3,379の投稿メッセージの上記のタイプの割合を求めたところ，図7.1のようになった．この図より，情報共有（IS），意見表明（OC），つぶやき（RT），今の自分の通知（ME）が多いことが分かる．

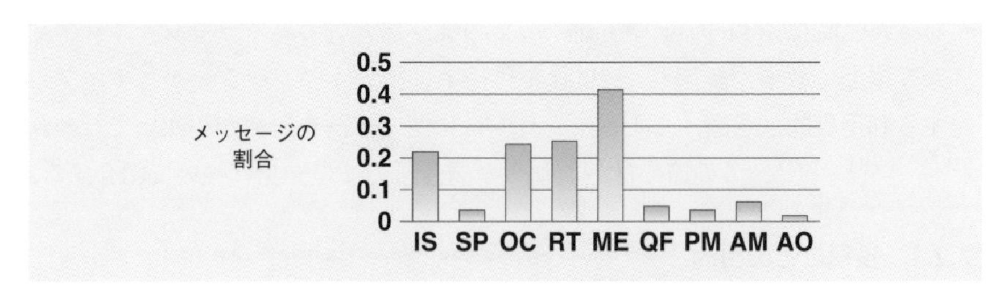

図 7.1　メッセージごとの意図の割合
（論文 [80] より著者の了解を得て転載）

次に彼らは，ユーザを各ユーザが投稿したメッセージのテキスト情報を基に，階層的クラスタリング [42] により2つのクラスタに分類した．すると，片方のクラスタはISの割合が高く，もう片方のクラスタはMEの割合が高かった（図7.2参照）．この傾向から，彼らは前者のクラスタを“Informer”，後者のクラスタを“Meformer”と名付けた．すなわち，ユーザのタイプは自分のことを知らせたい人と他人に役立つ情報を知らせたい人の2つに大別できることが分かった．特に後者は，経済学（特に行動経済学）で注目を集めている利己主義・利他主義に関係しており興味深い現象と言える．

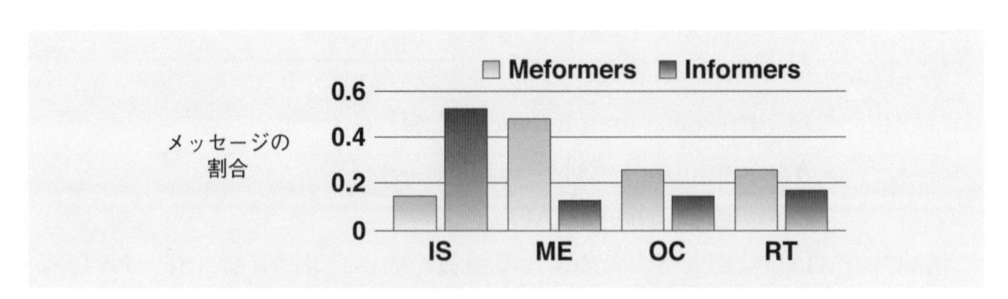

図 7.2　2つのクラスタ（Meformers と Informers）における意図の割合
（論文 [80] より著者の了解を得て転載）

7.2.2 ソーシャルメディア全体の利用目的

ナーマンらの研究では，ツイートごとに第三者が人手でその目的を推定して分類していた．しかし，7 章でカクらが明らかにしたように，Twitter のフォローネットワークは興味ネットワーク（interest graph）と考えることもできる．ユーザはツイートを投稿するだけではなく，他人のツイートを読んで情報収集する目的も持っているはずである．

そこで，ロッソン（Mary Beth Rosson）の研究グループはユーザに Twitter の利用目的を直接尋ねることで，投稿だけでなく閲覧も含めた Twitter の利用目的を調査することにした[81]．彼らは，ビジネスユースにおける CMC（“computer-mediated communication” の略で，コンピュータを介したコミュニケーション）に興味があったため，調査の対象としたのは大きな IT 企業に勤めるビジネスパーソン 11 人であった．ただし，この 11 人の被験者は組織的に Twitter を企業内のコミュニケーションツールとして使っているわけではない．ロッソンらは，IT 企業に勤める会社員を対象に，ビジネス利用も含めた一般的な Twitter の使い方を調査したことになる．

彼らは電話を用いて 1 人当たり 30 分から 1 時間ほどのインタビューを行い，なぜ Twitter を用いているのかを尋ねた．それらを定性的に分析したところ，

1. 友人や同僚との関係を維持するため
2. 自分が面白いと思ったことを他の人に知らせるため
3. 仕事や興味のあることに関して役立つ情報を獲得するため
4. 人から助けや意見を得るため
5. 感情的なストレスを解消するため

の 5 つがあることが分かった．これらは独立の目的として存在するのではなく，1 つの投稿に対して複数の目的を持つこともある．例えば自分の生活の中で面白いと思ったことを友人に伝えることで，その友人との関係を維持したいと言うような場合である．

しかし，ナーマンらの調査は，IT 企業に勤める会社員のみを対象にしていること，調査対象の人数が 11 人と決して多くないこと，Twitter での投稿頻度が多い人でも週に 5～30 程度と少ないことから，一般的なユーザを対象に Twitter を用いる目的を尋ねるのに，この分類を適用しようとすると，必ずし

も十分であるとは言えない．特に，近年ではTwitterをより積極的に（戦略的に）利用するユーザの存在も無視できなくなっている．いわゆるネット有名人(micro-celebrity)や自己宣伝型のユーザ(self-branding user)である[83]．そのため，吉田と土方は上記の5つの目的に，

6. 自身の成し遂げたことを宣伝するため

を加えてユーザの利用目的を調査している（図7.3参照）[84]．6つ目の目的を回答するユーザは多いとは言えないが，他のユーザとは投稿の積極さや自己開示の程度が異なるため，その意図を持っているかどうかを知っておくことは，分析の上で役立つことが多い．

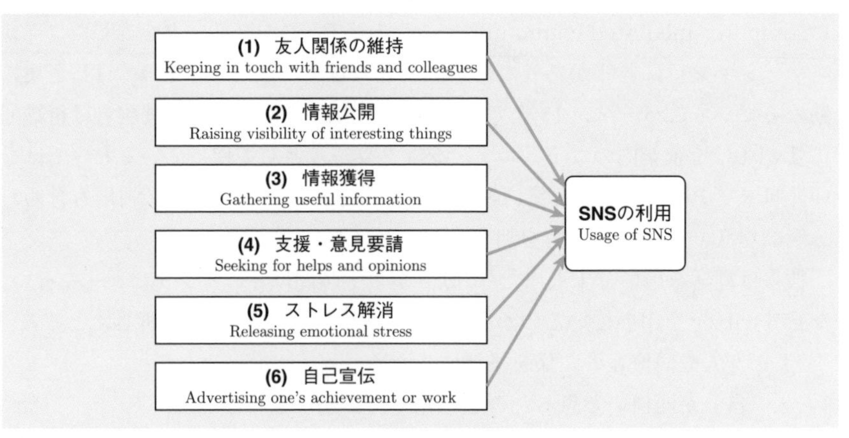

図7.3　**SNS（Twitter）の利用目的**
（ロッソンらの5つの利用目的（上位5つ）[81]と土方が追加したもの（下位1つ）[84]）

7.2.3　企業ユースにおける利用目的

Facebook や Twitter のような一般ユーザを対象とした大規模なソーシャルメディアもあるが，特定のドメインを対象にしたSNS（例えば，投資家向けSNSや語学学習者向けSNSなど）や，企業内部向けに導入されたSNSも数多く存在する．特に近年，ソーシャルメディアを実装するためのプラットフォーム（OpenPNEが有名）が整備されたため，このようなドメイン限定のSNSや組織内SNSが相次いで開設されるようになった．そこで，このような小規模な

SNS における利用目的を調査した研究も行われるようになった．

IBM 研究所のディミコら（Joan DiMicco）は，企業内に導入された SNS に対して，17 人の従業員にインタビューを行い，利用目的に関する定性的分析を行った[82]．先ほど紹介したロッソンらの研究は，IT 企業に勤めている人たちを対象にしてはいるが，オープンで一般的なソーシャルメディアを対象にした調査であった．これに対して，ディミコらは企業内に開設された閉じられた（クローズドな）SNS を対象にし，職場の業務利用における目的を調査している．具体的には，なぜこの SNS を使うのか，誰とつながっているのか，何のトピックをシェアしているのかの 3 点を調査した．

調査の結果，企業内 SNS の利用目的は以下の 3 点があることが分かった．

(1) **楽しむため**
人とつながり，コミュニケーションを行うこと自体を楽しむ目的．

(2) **自身のプロモーションのため**
自身のスキルや経験を宣伝し，戦略的に重要な人間とつながる目的．

(3) **周囲からのサポートを得るため**
自分のプロジェクトにおいて，周囲から意見をもらったりサポートしてもらったりする目的．

企業内 SNS で仕事利用に限ったものであっても，コミュニケーションを楽しんでいることが分かる．業務時間内の利用であっても，ストイックに仕事に関係する会話だけを行っているのではなく，気晴らしも含めたインフォーマルな会話も行っていることが分かる．すなわち企業内 SNS を導入している企業は，業務とは言っても従来のような公私を完全に切り分けたような仕事の進め方ではなく，ときにジョークや仕事とは関係のない話も混ぜながら，クリエイティブに仕事を進めているものと思われる．一方，ロッソンらの調査とは異なり，自身のプロモーションを見据えた自己宣伝を目的として挙げている点も興味深い．特に，「自分にはある分野の知識がある（knowledgeable である）ように振る舞うようにしている」という回答があり，強くこの目的を持っているユーザがいることが分かる．人の働き方が多様化している現在，このような目的は一般の SNS でも見られるようになると推察される．また，人から助けや意見を得るという目的はロッソンらの調査結果でも見られたが，企業内 SNS では今の仕事のプロジェクトを強く意識している点で異なる．同じ仕事目的であっても，企業内 SNS では一般のオープンな SNS とは違い，ユーザは明確で強い目的を持っていることが分かる．

7.2.4 利用目的に関する文化間比較

インターネットの普及や移動手段の利便性の向上により，人々の国境の壁は低くなりつつあると言われている．一方，依然として文化の違いは存在し，それが旅を面白くしている．世界共通のプラットフォームとして提供されるサービスであったとしても，その利用目的やその上での行動は，国によって異なる可能性がある．そこで，ソーシャルメディアを用いる意図や利用目的に関して，文化間の比較を行う研究が行われてきた [85], [86]．

ソン（Dongyoung Sohn）らの研究グループは，アメリカと韓国において，589 人の大学生を対象に SNS の利用目的を質問紙調査で尋ねた（Kim et al. 2011）．アンケート結果を分析したところ，SNS の利用目的には，出会い（seeking friends），利便性（seeking convenience），社会的支援の獲得（seeking social support），情報獲得（seeking information），エンターテイメント（seeking entertainment）の 5 つがあることが分かった．また，両国の比較を行ったところ，アメリカ人にとって重要な目的は友達を探す（新しい人と知り合う，同じ興味を持つ人とつながる）ことであり，韓国人にとって重要な目的はエンターテイメント（日常の仕事を忘れてリラックスする）であることが分かった．国が異なれば，SNS の利用目的も異なることが示唆されている．

バサロウ（Asimina Vasalou）らは，2008 年 3〜5 月の間に，アメリカ（72 人），イギリス（67 人），イタリア（95 人），ギリシャ（108 人），フランス（81 人）の Facebook ユーザを集め，利用目的に対する思いの程度を尋ねた [86]．分析の結果，Facebook の利用目的には，実世界の人間関係の維持（social searching），出会い（social browsing），グループへの加入（groups），ゲームとアプリケーション利用（games and applications），投稿・状況報告（status updates），写真投稿（photographs）の 6 つがあることが分かった．彼らはアメリカとヨーロッパ諸国との間に，利用目的に差があるかどうかを調査した．その結果，イタリア人とフランス人はアメリカ人よりも出会いの目的を強く持ち，イギリス人とイタリア人はアメリカ人よりもグループ参加の目的を強く持ち，イタリア人はアメリカ人よりもゲームとアプリケーション利用の目的を強く持つことが分かった．この研究ではアメリカとヨーロッパ諸国との違いに注目しているが，国によってソーシャルメディアの利用目的が異なることを示している．

7.3 感　　情

心理学の分野では，人の感情（emotions）について長く研究されてきた．**感情**とは，人が物事に対して抱く気持ちを表したもので，喜び，悲しみ，怒り，驚き，恐怖などがある．人の感情は，その人の健康にも関連してくるため，非常に重要な心理と言える．ここではソーシャルメディア利用時の感情と，さらにその感情の伝搬について採り上げる．

7.3.1 ニュースフィード制御の影響

Facebook 社の研究員であるクラマー（Adam D. I. Kramer）らは，Facebook のニュースフィードに表示する友人からの投稿を操作することで，ユーザがポジティブな投稿（ポジティブな感情を伴う投稿）を行うようになるか，ネガティブな投稿を行うようになるかを検証した[87]．具体的には，ユーザのタイムラインにおいて，友達（Facebook 上の友達）からの投稿の表示を，ポジティブなものについて 10～90％の範囲で減らすことで，対象ユーザの投稿において，ポジティブな表現を含むものが減るかどうかとネガティブな表現を含むものが増えるかどうかを検証した．また同様に，ネガティブなものについて 10～90％の範囲で減らすことで，対象ユーザの投稿において，ポジティブな表現を含むものが増えるかどうかとネガティブな表現を含むものが減るかどうかを検証した．実験期間は 2012 年 1 月 11～18 日で，実験の対象となったユーザは英語で Facebook を読んでいるユーザのうちの 689,003 人である．そのうち解析の対象になったのは実験期間の一週間に投稿を行った 155,000 人のユーザである．ポジティブ（あるいはネガティブ）な表現を含むかどうかは，LIWC2007（Linguistic Inquiry and Word Count）というソフトウェアを用いて判定している．300 万の投稿が解析された．

実験の結果，ポジティブな投稿が減らされた場合は，そうでない場合に比べて 0.1％ポジティブな投稿が減り（また 0.04％ネガティブな投稿が増え），ネガティブな投稿が減らされた場合は，0.07％ネガティブな投稿が減った（また

0.06％ポジティブな投稿が増えた）．投稿の変化量はわずかなものであったので，人はこのような投稿の表示／非表示の制御により大きな影響を受けたわけではないが，それでも無意識のうちに自分の感情的な投稿を行ったり，控えたりすることが分かる．この結果より，クラマーらはノンバーバルな行動（口頭の言葉によらない行動）によっても，また特定の相手に向けたコミュニケーションでなくても（多数の人に向けた発信であっても），情動伝染（感情の伝染）が起こることを示したと主張している．本人の感情に変化が起こったのかどうかまでは検証できていないが，少なくともシステムによる制御と同方向の感情を持つ投稿を行うようになったことは確かである．

なお，この章の主題とは異なるが，この実験が社会で議論を巻き起こしたことについても言及しておきたい．この実験の結果は信頼できるものであるが，信頼できる理由は，ユーザがシステムによる投稿表示の制御について認知していない点にある．しかし，この実験はユーザのタイムラインに表示されるはずだった投稿を，ユーザに許可を得ることなく非表示にして心理実験を行ったため，倫理的に問題があるのではないかと話題になった．Facebookのサービスでは，タイムラインに表示される投稿は，あるアルゴリズムで選択しており，全ての投稿が表示されることを保証するものではない．そのため，研究倫理的に問題があったかどうかについては，意見が分かれるところである．しかし，ユーザの利便性を考えずに一時的にアルゴリズムを変更した点については，サービス提供者として社会倫理的に問題がなかったとは言い切れない．

7.3.2　実世界の状況の影響

従来の研究では，人が常時活動している実世界と，一時的に活動する仮想世界（サイバー空間）とは切り分けて考えられてきた．しかし現在は，これらを切り分けて考えることはできないと主張する研究者も少なくない．人の仮想世界における感情は，実世界の状況やイベントにも影響を受けていると思われる．最も基礎的な実世界の状況として天気が挙げられる．経験的に人の感情は，その日の天気によって影響を受けそうである．晴れの日は心もうきうきするが，雨の降っている日は気分も晴れないものである．このような人の感情は，仮想世界での自己表現にも表れる可能性がある．もともと天気と感情（人の実世界における感情）との間には何らかの関係がありそうに思えるが，これを解明するために十分なデータを我々は持っていなかった．しかし，ソーシャルメディアの普及により，大規模な数のユーザの投稿データが手に入るようになった．これらの投稿データを用いれば，天気とソーシャルメディア上での感情（実世界における感情と関連する可能性が高い）との間に何らかの関係がないか検証できそうである．この課題に最初に取り組んだのは，Facebook 社のコヴィエロ（Lorenzo Coviello）らの研究グループである．

コヴィエロらは Facebook 上において，投稿データと天気との関係を調べた [88]．彼らは，2009 年 1 月から 2012 年 3 月までの間の Facebook の投稿データ（データ規模は示されていないが，Facebook 社の研究員なので全ての投稿データが利用されたと思われる）に対して，回帰分析により投稿された日の曜日や天気などの特徴と投稿の感情との間の関係を明らかにした．投稿の感情は，クラマーらと同様に LIWC2007 を用いて，ポジティブな語が 1 つでも含まれていたらポジティブな投稿，ネガティブな語が 1 つでも含まれていたらネガティブな投稿と見なした．分析の結果，週末や祝日にポジティブな投稿が多くなることと，雨降りのときにポジティブな投稿が 1.19％減りネガティブな投稿が 1.16％増えることが分かった．

彼らは，調査対象のユーザとその友人のユーザの投稿の感情についても調査した．すると，自身のポジティブな投稿が増えると，友人のポジティブな投稿を 1.75 倍に増加させ，また自身のネガティブな投稿が増えると，友人のネガティブな投稿を 1.29 倍に増加させることを確認した．すなわち，雨降りの影響だけで個人の投稿にネガティブな投稿が多くなったとはいえず，周りの友人の投稿の影響も受けていると思われる．また，ネガティブな投稿の増加は，その地域での雨降りの影響だけでなく，他の地域の友人からの投稿の影響も受けていることも報告している．天気がソーシャルメディア上のユーザの感情に影響を与える可能性が確かめられたこと，またユーザのポジティブ／ネガティブな投稿が周りのユーザに影響を与える可能性が確かめられたことの 2 点において，この研究がもたらした価値は大きいと言える．

7.3.3　他人の感情の影響

心理学の分野においては，人の感情が他の人に伝染するのかどうかについて古くから研究が行われている [89]．心理学の分野では，このような感情の伝染を**情動伝染**（emotional contagion）と呼んでいる．ソーシャルメディアの登場により，大規模なユーザデータを用いて，情動伝染が行われるかどうかを調査することができるようになった．フェラーラ（Emilio Ferrara）らは，Twitter における投稿の感情（ポジティブさとネガティブさ）について，他人の影響を受けるかどうかを調べた[90]．彼らは，ユーザが行ったある1つの投稿に注目し，その投稿を発信する直前に，どのような投稿をフォロウィーから受け取っていたかを分析することにより，他人の影響を受けるかどうかを調べることにした．ポジティブ／ネガティブの判定は SentiStrength というソフトウェアを使っている．2014年9月に英語を用いている3,800人のユーザをランダムに収集し，それらユーザのツイートを収集した．また，収集した各ツイートについて，そのツイートが投稿される前に，その投稿者（ユーザ）のフォロウィーが投稿したツイート（その投稿者が投稿直前に見たかもしれないツイート）も収集した．そして，それらのツイートの感情（ポジティブさとネガティブさ）を判定した．

分析の結果，ユーザがあるネガティブな投稿をした際，一般的な投稿を行う場合に比べて，事前に受け取っていた投稿のうちネガティブな内容の投稿が占める割合が4.34％高いことを確認した．また，ユーザがあるポジティブな投稿をした際，一般的な投稿を行う場合に比べて，事前に受け取っていた投稿のうちポジティブな内容の投稿が占める割合が4.50％高いことを確認した．彼らは，この結果から Twitter においても情動伝染が起こったと結論付けている．しかし，注意しないといけないのは，これはあくまでユーザ全体での結果であって，個々人がポジティブな内容の投稿をいつもより多く受けていた，あるいはネガティブな内容の投稿を多く受けていたという変化によるものではない点である．周りの友人がいつもネガティブ投稿をしていたり，ポジティブな投稿をしていたりする場合も考えられるが，そのような投稿を見ているユーザは，いつもネガティブ，またはポジティブな投稿をしているかもしれない．短期的に情動伝染が起こったというよりは，感情が近い者同士が集まりインタラクションを行っている可能性がある．ソーシャルメディア上でも情動伝染が起こりうる可能性を示したが，正確に検証するためには，1人のユーザに着目し，そのユーザのフォロウィーの感情変化とそのユーザの感情変化との時間的関係性を調査する必要がある．

7.4 パーソナリティ（性格・人格）

心理学は人の心を扱った学問分野であるが，その心の個人差を扱ったものが**パーソナリティ**（性格または人格）である．人は，初対面の人とコミュニケーションを取るとき，その人の行動から，その人が社交的な人かどうかや誠実な人かどうかなど，その人の内面を知ろうとする．これは，パーソナリティが，その人の行動や考え方にも影響を及ぼしているからである．ソーシャルメディアの登場により，大規模な行動データを手に入れることができるようになったことは，パーソナリティの研究に大きな変革をもたらすことを意味する．ここでは，人のパーソナリティとソーシャルメディアにおける行動に注目する．

7.4.1 パーソナリティとビッグファイブ

人々の心理の中でも，その人が永続的に持っている心の特性は，特に重要な性質である．このような性質は，パーソナリティ（personality）と呼ばれる．日本語では，性格や人格と言った言葉が対応する．「三つ子の魂百まで」と言う諺（ことわざ）に代表されるように，従来より人は人の基本的な内面の性質は，そう簡単には変わらないことを見抜いていたと言える．本書では，このような性質を表現するのにパーソナリティという言葉を使う．永続的な心の特性と書きはしたが，人が生まれてから死ぬまで，その人の性格が全く変わらないとは考えにくい．実際には生まれつきによる部分と，幼少期における経験や体験により形成される部分が入り混じっていると考えられる[91]．また，必ずしも大人になってからは変化しないというものでもない[92]．九死に一生を得るような体験により変化したり，一生を添い遂げるようなパートナーからの影響により徐々に変化したりすることも考えられる．しかし，このような変化はあり得るものの，パーソナリティは簡単なことでは変化しない，人の心の基本特性であると定義される．

このような心の基本特性は，人の行動にも大きく影響を与えている．そのため，従来より心理学者はパーソナリティと，様々な環境における人の行動との関連について研究してきた．そして，最先端のコミュニケーション媒体であるソーシャルメディアにおける行動も例外ではない．人のパーソナリティとソーシャルメディア上での行動との関係は多くの研究者が注目するテーマである．

心理学の分野では，人のパーソナリティを理解するために，これをいくつかの観点に分けて，その程度を考える手法（**特性論**）が，古くから研究されてきた[93]．特性論において，何の観点から人の心理の基本特性を表現するかについては多くの議論があり，人の負の側面に注目したパーソナリティ特性であるダークトライアド（dark triad）[94]，罰や欲求不満に対する思考・行動の傾向と報酬や目的に対する思考・行動の傾向を表す特性であるグレイ（Gray）の強化感受性理論（reinforcement sensitivity theory）またはBIS/BAS[95]，感情を包括的に扱うようにしたパーソナリティ特性であるHEXACO model[96] などがある．特性論の中で，現在最もよく用いられているのは**ビッグファイブ**（Big Five）または**5因子モデル**（Five Factor Model（FFM））と呼ばれるモデルである[97], [98], [99], [100]．上記で示したように，このモデルにはいくつかの呼び方があるが，本書ではビッグファイブと呼ぶことにする．

ビッグファイブは，人のパーソナリティ特性を

- 開放性（openness to experience）
- 誠実性（conscientiousness）
- 外向性（extraversion）
- 協調性（agreeableness）
- 神経症傾向（neuroticism）

の5つの指標で表す．開放性は，知的好奇心の高さを表し，新しい文化や理論，社会システムを好む傾向を意味する．誠実性は，目標や課題を達成する意欲や，ルールや秩序を順守する傾向を意味する．外向性は，人と積極的に関わりエネルギッシュに活動する傾向を意味する．協調性は，社会や共同体への帰属意識やグループ活動を好む傾向を意味する．神経症傾向は，人の感情・情緒面での不安定さやストレスの感じやすさを意味する．

ソーシャルメディアの登場以降，ソーシャルメディアの利用意思とパーソナリティとの関係[101] や，ソーシャルメディアでの友人としての接続意思とパーソナリティとの関係[102]，ソーシャルメディア上の行動とパーソナリティとの関係[103] などが研究されてきた．本節の以降の項では，これらの研究事例を紹介する．

7.4.2 パーソナリティと利用意思

ICT[†1]の発達により，新しいソフトウェアやサービスが次々と誕生する現代において，誰がこれらを早期に利用しようとするのかを知ることは重要である．社会にこれらを浸透させるためには，最初に誰に使ってもらえばよいかを知り，その人たちに広告を提示する必要があるからである．逆に，公共セクターなどで，従来の紙媒体のサービスを停止するには，それに代わるICT利用の新サービスを最後まで利用しようとしないユーザは誰であるかを知る必要がある．そのような人たちには，新サービス利用の支援が必要であるからである．

SNSも，そのような新サービスの1つと考えられる．ローゼン（Peter A. Rosen）らは人がSNSを利用したいと思うかどうかは，その人のパーソナリティと関係があるのではないかと考え，利用したいと思う意思の程度とパーソナリティ特性との関係について調査した[101]．SNSも情報システム（ソフトウェアやサービスなど）の1つと考えられるが，人の情報システムを利用したいと思う意思は，**TAM**（Technology Acceptance Model）というモデルに従うとされている[104], [105]．TAMでは，人が新しい情報技術を使おうとする意志があるかどうかは，その技術の便利さとその技術が簡単に使えるかどうかについて，人がどれだけそう思っているのか（認知度合い（the perceived usefulness と the perceived ease of use））に関係しているとしている．ローゼンらは，人のパーソナリティ特性が，SNSに対する便利さと簡単に使えそうかに対する認知度合いに影響すると考えた（図7.4参照）．

彼らは，パーソナリティ特性と，SNSに対する便利さと簡単に使えそうかどうかの認知度合い，SNSを使いたいと思うかどうかの意思をそれぞれアンケート（質問紙調査）により取得した．パーソナリティ特性には，ビッグファイブを用いた．具体的には，ビッグファイブ特性はIPIPという質問紙（各特性に対して10個の質問項目で，各質問項目に5段階のリッカート尺度で答える）[106]で取得している．便利さの認知度合いと簡単に使えるかどうかの認知度合いは，それぞれ4項目の質問で取得している．SNSを利用したいと思うかどうかは，3項目の質問で取得している．そして，それらの回答に対して相関分析を行った．その結果，外向性が高い人はSNSに対する便利さと簡単に使えるかどうか

[†1] “Information and Communication Technology” の略で情報通信技術のこと．

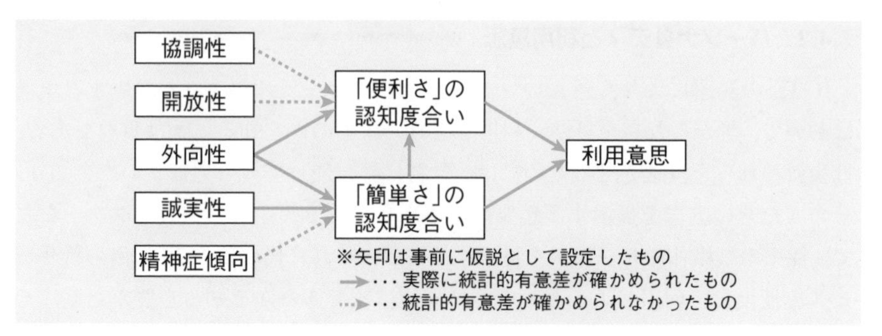

図 7.4 パーソナリティと SNS の利用意思

の両方の認知度合いが高いこと，誠実性が高い人は簡単に使えるかどうかの認知度合いが高いことが分かった．また，便利さと簡単に使えるかどうかの認知度合いの両方が，SNS を使いたいと思うかどうかの意思に正の相関があることも確かめられた．これらより，人のパーソナリティ特性が，SNS を使いたいと思うかどうかの意思に関連していることが分かった．

また，彼らは SNS でユーザが知覚しているネットワークサイズ（友人の数）と，過去に SNS の利用に没頭したことがあるかどうかを表すフロー (flow) [107] についても尋ねており，ネットワークサイズと便利さの認知度合いの間，またフローと便利さの認知度合いの間に相関があることも確かめている．SNS で多くの友達がいるユーザは，それらのユーザからたくさんの情報を得ていると考えられ，また多くのコミュニケーションを行っていると考えられるため，彼らが SNS に対する便利さを感じているということは，理解できる結果である．また，過去に何かの SNS に熱中したことがある人は，SNS に対する便利さを感じるという関係は，当たり前の結果ではあるが納得がいくものである．

なお，フローは心理学において注目を集める人の精神状態のことである．厳密には，**フロー**とは，人がそのときしていることに，完全に浸り，精神的に集中している状態を意味する．このような精神状態や経験は，その人の成功体験や仕事のパフォーマンスにも影響するため，心理学だけでなく経営学やスポーツ科学においても注目されている．

7.4.3 パーソナリティと友人数

ソーシャルメディア上での友人数は，他者に対する印象形成において大きな影響を持つ．メーウス（Wim Meeus）らの研究グループは，205 人の大学新入生に対してアンケートを行い，どのようなパーソナリティ特性を持つ人が多くの友人を獲得しているかを調べた[102]．具体的には，大学入学後，数回にわたり友人の多さとパーソナリティ特性に関して質問紙調査を行い，友人形成の過程で，どれだけ多くの友人を獲得しているかを調べた．パーソナリティ特性にはビッグファイブを用い，10 個の質問項目で構成される Ten Item Personality Inventory（TIPI-r）という質問セット[108]で獲得している．回答者は，各質問項目に対して 7 段階のリッカート尺度で回答している．この研究では，特定の SNS を対象に実験したわけではないが，直接的に誰を友人として認めているかを尋ねることで，現実世界での友人形成にパーソナリティがどのように寄与しているかを確かめた．

調査の結果，外向性の高いユーザは多くの友人を登録していた．また協調性の高いユーザは，友人として登録されやすい傾向にあった．またパーソナリティの近いユーザ同士が友人同士になっていることも確認された．具体的には協調性，外向性，開放性において近い特性を持つユーザ同士がつながりやすいことが分かった．この結果より，外向性が高く，なおかつ協調性も高いユーザは，自ら積極的に友人関係を構築しようとし，なおかつ相手からも友達と認められる傾向にあることが分かる．すなわちパーソナリティ特性により，友人のできやすさが違うことが分かった．

7.4.4 パーソナリティとユーザ行動

人は，他の人のパーソナリティをその人の行動から推測する．なぜなら，パーソナリティが人の行動に影響を与えているからである．環境が異なっても，その影響が見られるかもしれないし，また別の行動様式を引き起こすかもしれない．実世界のユーザの行動を観測することは難しかったが，ソーシャルメディア上の行動は，通常ログとして残っている．そのため，人々のログを解析すれば，その人のパーソナリティが分かるかもしれない．

ゴールベック（Jennifer Golbeck）らは，Facebook 上でのユーザ行動とパーソナリティ特性との関係を調べた[103]．パーソナリティ特性には，ビッグファイブを用いている．Facebook 上のユーザ行動は Facebook アプリケーション（Facebook 上で動作するアプリケーション）を実装し，そのアプリケーションを使ってもらうことで収集している．取得した行動データは，テキストデータ（プロフィール中の“About Me”のテキストや，投稿（status update）のテキスト）と，グラフデータ（近傍ユーザのネットワーク（ego network））である．

テキスト情報の分析は，LIWC（Linguistic Inquiry and Word Count）というソフトウェアを用いて判定している．言語的特徴量として，汚い言葉の使用（swear words），社会的な言葉の使用（social process），感情語の使用（affective process）（さらにポジティブな語とネガティブな語に分けている），認知に関わる言葉の使用（perceptual processes），生理的な言葉の使用（biological process），仕事に関する語の使用（work words），お金に関する語の使用（money words）を採り上げている．

167人を対象に実験を行ったところ，誠実性の高いユーザは汚い言葉の使用（shit や fuck など）と seeing，hearing，feeling のような認知に関わる言葉（人から聞いたような内容に確信が持てない表現）の使用が低いことが分かった．一方，mate，talk，they のような社会的な言葉の使用は高いことが分かった．誠実性の高いユーザは，SNS において適切な言葉を使う傾向にあることと，主観的なことや個人的に見聞きした内容を述べることを避ける傾向にあることが分かる．また，彼らは SNS という環境も社会の1つと捉え，適切にコミュニケーションを取ろうとしていると推察される．

誠実性以外のパーソナリティ特性については，協調性の高いユーザはポジティブな感情語を使う傾向にあり，神経症傾向の高いユーザはネガティブな感情語を使う傾向にあることも分かった．また，外向性の高いユーザは，多くの友人を持ち，エゴネットワークの密度が低いことが分かった．彼らは，広く浅くユーザと付き合っていることが分かる．開放性の高いユーザもエゴネットワークの密度が低いことが分かった．これらの結果より，人の SNS における行動（特に投稿内容）は，その人のパーソナリティ特性に影響を受けていることが分かる．

7.5 うつと妬み

人の内面の中でも人々の健康と結び付いたものについては，特に研究が進められている．ソーシャルメディアは人々の情報獲得を助け，また人々の交流を促進したが，それと同時に人々に自分を他人と比較することを容易にした．これによりソーシャルメディアの利用は，人々にストレスを与えたり，**うつ**（鬱）を感じさせたりすることが報告されている [109], [110], [111], [112]．ここでは，ソーシャルメディア上での行動とうつの関係，またうつに関連の深い妬みとの関係について紹介する．なお本書では，気分がふさがり，気持ちが晴れ晴れしない状況をうつと呼ぶことにする．

7.5.1 うつとソーシャルメディア上の行動

人がうつ病になることを未然に防ぐためには，うつの傾向が認められるユーザを早期に発見する必要がある．そこで，チョウドリー（Munmun De Choudhury）らは，うつの症状の強い人々を対象として 1 年間 Twitter 上の行動を獲得し，うつ病であるかどうかを判定するモデルを構築した [113]．彼らは，Twitter 上での基本行動（ツイートやリプライなど）や近傍のネットワーク（ego network），言語スタイル，うつに関する語の使用など様々な特徴を調査した．

その結果，うつの症状の強いユーザ（うつのユーザ）は，投稿数が少なく，また他人とリプライを交わすことも少ないことが分かった．また，うつのユーザは，一人称の代名詞の使用の割合が高く，逆に三人称の代名詞の使用の割合が低いことも分かった．近傍のネットワークについては，うつのユーザは，フォロワー数とフォロウィー数が少なく，近傍ネットワークの規模も小さいことが分かった．これらのことから，うつの症状の強いユーザは，信頼できるごく限られた人たちと，自分のことを中心に会話をしているものと思われる．また，うつの症状やそれに対する気持ち，その治療方法に関する情報などを共有しているものと思われる．

7.5.2 妬みとソーシャルメディア上の行動

近年，ソーシャルメディア上で感じるうつの原因の 1 つとして妬みの感情があると言われている[114]．**妬み**とは，「自分を他人と比較することで感じる不快な感情である」と定義される[15]．また，自分を他人と比較する行為は**社会比較**（social comparison）と呼ばれ[116]，妬みを引き起こしやすい行為の1つと言われている．以前より，オンラインの環境では人々に起きたよい出来事や自身をよく見せようとするコンテンツが投稿されやすいことが指摘されている[117]．この傾向は，オンライン環境の中でも特にソーシャルメディアにおいて顕著に見られることが報告されている[83],[118]．そのため，うつの原因を取り除くために，ソーシャルメディアにおける人々の妬みに関する調査が行われ始めている[84],[114]．ソーシャルメディアの出現は，人々の人間関係の構築や維持に大きな貢献を果たしたが，一方で他人との比較が容易になり，妬みを引き起こしやすくなっている可能性がある．

タンドック（Edson C. Tandoc）らは，Facebookの利用傾向と妬み，さらにうつとの関係を調査した．彼らは，妬みを伴うFacebookの閲覧はうつを引き起こすことを発見した[114]．しかし，Facebook上の行動と妬みの間には強い相関がなかったことも報告している．Pangerは，FacebookとTwitterの両方で，人々の社会比較の行動を調査した[119]．彼は，FacebookのユーザはTwitterのユーザよりも，より高い頻度で社会比較を行う傾向にあることを発見している．

土方の研究グループでは，より詳細にソーシャルメディア上での妬みについて調べている[84]．彼らは，FacebookとTwitterの両方で，人々の妬みの感じやすさを調査した．具体的には，妬みの感じやすさ，ユーザのデモグラフィック情報，ソーシャルメディアの利用目的，ソーシャルメディア上での行動の関係について調べている．また，妬みの相手が誰かについても分析している．妬みの感じやすさは，オフライン（実世界），Facebook，Twitterの各環境での感じやすさの程度について，4つの項目からなる質問を7段階のリッカート尺度で尋ね，その総和をとることで算出している．

最初の発見としては，人々はTwitterよりもFacebookの方が妬みを感じやすいということが分かった．従来研究より，人は性別や年齢，社会的地位などが自分に似た相手に妬みを感じやすいと言われている[115]．Twitterでは，有名人や趣味つながりの人など，多様なユーザをフォローしていると思われる．一方，Facebookでは実世界で会ったことのある知り合いと友人関係になっていることがほとんどである．これらのことからも，Facebookの方が妬みを感じやすいというのは妥当な結果であると言える．また，妬みの相手を見るとFacebookでは実世界での知り合いを，Twitterでは有名人や知らない他人を挙げている．これも，各ソーシャルメディアにおけるつながりの対象に依存した結果になっている．

また，デモグラフィックの分析では，若年層や学歴の低い人が妬みを感じやすいことが分かった．特に，20代と30代が他の年代に比べると妬みを感じやすいことが分かった．先行研究[111]によると，子供や青年は大人よりもFacebookでうつになる危険性が高いことが示されており，それと関連する結果であると言える．また，学歴については，中学卒の学歴を持つユーザは実世界では妬みを感じていないものの，ソーシャルメディア上では妬みを感じやすいことが分かった．また，大学院卒の学歴を持つユーザは実世界，ソーシャルメディアのいずれの環境においても感じにくいことが分かった．中学卒の学歴を持つユーザは，ソーシャルメディアで他のユーザとつながることにより，普段接することのない人の生活や考え方を知ることとなり，妬みを感じているのかもしれない．

最後に，行動の分析では，FacebookよりもTwitterの方が妬みが行動に現れやすいことが分かった．具体的には，Twitterでは，リプライやリツイート，ネガティブな発言，画像投稿，絵文字の利用の頻度が高い人ほど，妬みを感じやすい傾向にあった．利用目的の分析では，コミュニケーション目的でソーシャルメディアを利用する人ほど妬みを感じやすいことが分かっており，それが行動に表れている人は，妬みを感じていることが分かる．一方，タンドックらの研究結果と同様，Facebookでは妬みが行動に現れず，唯一行動となって表れたものはネガティブな内容の発言のみであった．Facebookでは，友人関係が密であるため，妬みが行動に出ないように気を付けているのかもしれない．

妬みに関する研究は，まだそれほど研究事例が多くないが，TwitterよりもFacebookの方が社会比較を行いがちであり，また妬みを感じやすいのにも関わらず，その心理が行動には表れにくいことが分かる．妬みやうつの早期発見が困難なメディアとも言え，その利用方法については教育や注意喚起が必要と言える．

演習問題

問題 1 ソーシャルメディアが持つ，従来のコミュニケーション媒体にはない特徴について説明せよ．

問題 2 ソーシャルメディアの利用目的には，どのようなものがあるか説明せよ．

問題 3 パーソナリティ特性の1つであるビッグファイブについて，その5つの指標をそれぞれ簡潔に説明せよ．

問題 4 新しい技術を利用したいと思う意思に関するモデルであるTAM（Technology Acceptance Model）について簡潔に説明せよ．

問題 5 社会比較とはどのような行為か説明せよ．また，ソーシャルメディアで社会比較が行われやすい理由について考察せよ．

問題 6 TwitterよりもFacebookの方が，他人への妬みがサービス上での行動に表れにくい理由について推察せよ．

第8章 ソーシャルメディアにおける印象形成

前章では，ソーシャルメディア上で人はどのような心理であるのかと，その心理からどのような行動を行うのかについて述べた．特にパーソナリティは，その人の人となりを表しており，他者はその人の行動から，その人のパーソナリティを予測している．人は，実世界においてもソーシャルメディアにおいても，意図的あるいは非意図的に振る舞っている．そのような振舞いを見て，他者はその人に対しての印象を形成する．意図的に振る舞っている場合は，自分の振舞いから自分の意図した通りに，他者が自分への印象を形成しているかどうかが重要となる．振舞いは自己呈示という形で現れる．現実世界では，身振り手振りや顔の表情，声の抑揚など自己呈示に多くの表現方法を使うことができるため，自分の意図した通りに他人に印象付けすることが行いやすい．一方，ソーシャルメディアを含むコンピュータ上でのコミュニケーションにおいては，自己呈示に利用できる表現方法がテキストなどに限定される．さらに，ソーシャルメディアでは，自分の投稿を見てくれる人々の範囲が広かったり，非リアルタイムな会話を行ったりと，従来のコミュニケーション環境にはない特徴も持つため，相手は自分の意図とは異なった印象を持つかもしれない．ここでは，ソーシャルメディアにおけるユーザの自己呈示と，それに対する他者からの解釈（印象形成）について述べる．

8.1 現実世界とソーシャルメディアでの印象操作

人は多かれ少なかれ，相手に対して**印象操作**（impression management）を行っている．印象操作を行う手段は**自己呈示**と呼ばれる行為（self-presentation）である（図 8.1 参照）．例えば，就職活動で面接官を目の前にしたときには，自分は人とのコミュニケーションがそれほど得意でなかったとしても，相手に対して社交的に振る舞うこともあるであろうし，男女が集うパーティーに参加したときには，自分は寡黙なタイプであったとしても，そこでは明朗でユーモアにあふれる会話をするように振る舞うかもしれない．その理由は，相手に自分は社交的でセールスマンに適した人材であると認識してもらいたいとか，相手に自分は一緒にいて楽しい人だと認識してもらいたいというように，自分に対してよい印象を持ってもらいたいからである。上記では，もともとの自分の性格とは異なる性格の自分を演じた例を挙げたが，もともと社交的な人であっても，相手に自分はもっと社交的であるように見てもらいたいという意図を持つ人もいるであろう．すなわち印象の増幅である．これも印象操作の 1 つと言える．

図 8.1 自己呈示と印象操作

ここで，印象操作と自己呈示を定義すると以下のようになる．

印象操作：自己呈示や社会的インタラクションを通じて，他の人が自身に対して持つ印象に影響を与えようとする意識的/非意識的行為

自己呈示：他の人が自身に対して持つ印象に影響を与えるために，意識的に行う振舞い（または意識的に自分を表現すること）

上でも述べたが，印象操作を行う手段として自己呈示がある．自らが強く意識して自己呈示を通じて印象操作を行うこともあれば，自らは意識していないものの，やや大げさに自分の特徴を表現して印象操作を行うこともある．また，

自分のありのままの姿や性格を，相手の記憶に残してもらおうと，自己呈示することもある．また，自身の印象について，一貫性を持たせようと心がけることもある．いずれにしても，相手（他人）が抱く自分に対する印象に対して何らかの影響を与えようとしている．

現実世界とオンライン（ソーシャルメディアおよびソーシャルメディア以外のインターネットサービスも含む）では，自己呈示に用いることができる**物理表現**（7.1.2 項参照）の種類が大きく異なる（図 8.2 参照）．表現の種類の違いをもたらす大きな要素は，非言語的手がかりにある．現実世界では，髪型，服装，化粧，表情，姿勢，目線，ボディランゲージなど多くの手がかりが使える．これらは全て言葉で表現されるものではない．オンライン（特にインターネット創成期におけるテキストコミュニケーション）では，キーボードで入力されたテキストが表現手段の大部分を占める．ソーシャルメディアでは，画像や音声，動画，アイコンなど多くの物理表現が用いることができるようになったとはいえ，それでもテキストが最もよく使われる物理表現である．この点で，オンラインでの自己呈示には表現能力の点で大きなハンデがあると言える．

図 8.2　実世界とオンラインでの自己呈示の違い

一方，時間という要素を考慮すると，現実世界で行われる自己呈示は，全てリアルタイムで行われる．相手が言ったちょっとした嫌味に対して，平静を装うか，ちょっと嫌な顔をするかは，一瞬で判断して行わなければならない（もちろん，それをコントロールできるとは限らない）．一方オンラインでは，どのように反応したらよいかは十分に時間が与えられる．すなわち，少々のコミュニケーション能力のハンデは簡単に乗り越えることができる．この点では，オンラインの自己呈示に大きなアドバンテージがあると言える．

現実世界とオンラインのいずれにおいても，自分が意図した印象が，相手によって意図通りに解釈されたのかどうかが重要となる．大げさに表現したものの，相手がそれほど大きくその特徴を認識していなければ，効果がなかったと言える．意図した特徴が相手の記憶に残らなければ，印象操作としては失敗に終わったと言わざるを得ない．以降の節では，自己呈示に対する他者の自身に対する解釈（理解，認知）について説明する．

8.2 テキストコミュニケーションと印象形成

オンラインにおける主たるコミュニケーション手段はテキストベースのコミュニケーション（テキストコミュニケーション）である．テキストコミュニケーションでは，キーボードで入力した文字を相手に送ることでコミュニケーションが行われる．オンラインに限らず現実世界においても，見知らぬ人同士が初めて出会うことがあるが，そのときに相手に抱く印象は第一印象と呼ばれる．第一印象は，その人のことをもっと知りたい，その人ともっと話がしたいという好意的なこともあれば，あまりお近づきになりたくない，その人と会話したくないという嫌悪的なこともある．従来研究では，この好意／嫌悪の判断には，その人の印象に「温かさ」が感じられるか，「冷たさ」が感じられるかが最も大きな要因であることが分かっている [120]．

しかし，オンラインのテキストコミュニケーションで温かさを感じることは難しい．コンピュータを介したテキストコミュニケーションと対面会話において，発話の内容に違いがあるかどうかを調べた研究 [121] がある．彼らは，この両環境において2人の被験者に1対1で会話をさせたところ，対面会話の方が相手に対する同意を表す表現が多いことが分かった．会話中における相手に対する同意というのは，話の内容に合理的に納得していることもあるが，それよりも多少の不合理さはあったとしても，その話し手に対して共感を示す行為であることが多い．そのため，人間的な温かさにつながる行為であると言える．したがって，テキストコミュニケーションでは，第一印象に大きく影響する「温かさ」が表現されにくいことが分かる．

では，テキストコミュニケーションにおいて，相手に対する第一印象はどのようになるのであろうか．A さんとメールでしかやり取りしたことがない B さんと，A さんと互いに面識のある C さんの 2 人に対して，A さんになったつもりで性格検査に取り組んでもらった研究 [122] がある．性格検査には，MBTI (マイヤーズ・ブリッグ式性格検査) を用いた．また，A さん本人にも MBTI に回答してもらった (図 8.3 参照)．その結果，面識のある C さんの回答は A さん本人の回答とかなり一致していたが，メールでしかやり取りをしたことがない B さんの回答では，A さん本人の回答よりも，より論理的で分析的な思考を好むと評価していた．また感情を好む傾向を過少に評価していた．このことからも，テキストコミュニケーションがもたらす第一印象は，より冷たいものになりがちであることが分かる．

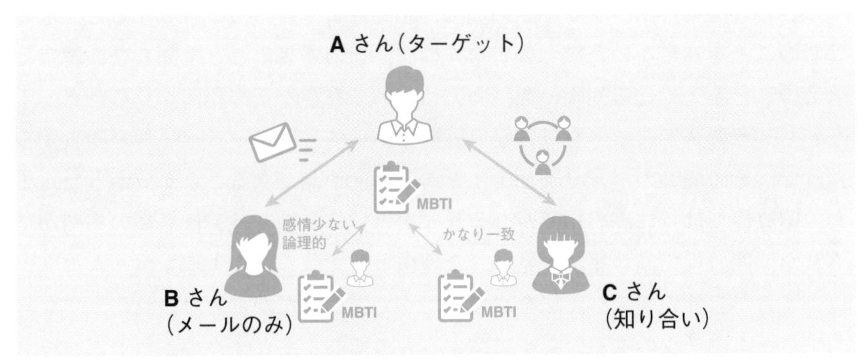

図 8.3　メールのみのコミュニケーションがもたらす印象
（文献 [122] の実験方法と結果）

8.3 Web と印象形成

Web1.0 の頃，個人でホームページを持つことが流行した．自分の趣味に関するホームページであったり，日常について書き綴（つづ）ったホームページであったりである．今の Web では，Web サイトは組織的なものであることが多いが，上記のホームページはかなり属人的である．そのため，ホームページの著者のパーソナリティが内容や記述スタイルに表れているかもしれない．また，他のユーザである聴衆は，そのホームページを見て，そのユーザの印象を形成したであろう．

バジル (Simine Vazire) とゴスリング (Samuel D. Gosling) は，ホームページの著者のパーソナリティに関して聴衆がどのように知覚したかを調査した[123]．具体的には，89 のホームページとその著者本人が調査対象となった．上記のホームページの著者たちのことを知らない 11 人の聴衆にそのホームページを閲覧してもらって，その著者のパーソナリティを予測してもらった．また，ホームページの著者らにも自身のパーソナリティを計測する質問に回答してもらい，その著者のことをよく知る 2 人の知人にも，その著者のパーソナリティを予測してもらった．パーソナリティの予測は，その著者になりきってもらい，パーソナリティを計測する質問に回答してもらった．パーソナリティの取得は，ビッグファイブを用い，44 個の質問項目で構成される質問セット[124] を用いた．

これら 3 つのパーソナリティの間で，相関分析を行った．そうすると，その著者のことを知らない聴衆と著者本人の間，その著者のことを知らない聴衆と著者のことをよく知る知人の間，両方において有意な正の相関が見られた．すなわち，その著者のことを知らない聴衆であっても，ホームページを閲覧するだけで，その著者のパーソナリティをある程度予測できることが分かった．また，開放性では特に高い相関が，それに次いで外向性と誠実性も高い相関が見られた．開放性で高い相関が見られた理由としては，このようなホームページは，著者が自分の趣味や興味を表現したくて開設したからと思われる．すなわち，ホームページの主題が芸術に関するものであるかどうかや，ホームページが新しいテクノロジーについて説明しているかどうかなどから，著者の新しいものや未知のものに対する興味の抱き方を推測できたと思われる．

ホームページの著者の印象形成の結果は，前節で示したメールの相手に対する印象形成の結果とは，かなり異なるものであったことに驚いた読者もいるかもしれない．面識のない相手とは言え，メールという特定の相手とコミュニケーションを行う媒体と，Web という不特定多数に向けた情報発信をするという媒体とでは，自己表現の方法が異なるのかもしれない．仕事でも利用する機会の多いメールの場合，1 対 1 のコミュニケーションとなると，それはかなりフォーマルなものになるであろう．一方，ホームページは相手が特定されないことと，密なコミュニケーションを必要としない点から，フォーマルなやりとりは必然ではない．その点で，ホームページの方が，より自然に自分を表現できたのかもしれない．

8.4 SNS と印象形成

SNS の誕生により，自己表現の場は個人のホームページから SNS へと移っていった．SNS は，友人同士の関係を維持し，投稿を通じたコミュニケーションを行う場であるため，ホームページよりもさらに属人的であると言える．そのため，ホームページで見られた印象形成の正確さは，SNS では一層高いものになるかもしれない．ホームページにおける印象形成の研究を行ったゴスリング（Samuel D. Gosling）らは，SNS の 1 つである Facebook でも同様の実験を行った[125]．

彼らは 133 人の Facebook ユーザに対して，実験協力をお願いした．9 人の聴衆（上記実験協力者と面識のない人）が，互いに独立に実験協力者のプロフィールページのみを閲覧し，その実験協力者のパーソナリティを評価した．また，実験協力者をよく知る 4 人の友人もその実験協力者のパーソナリティを評価した．パーソナリティにはビッグファイブを用い，その取得には TIPI という 10 個の質問項目でパーソナリティを計測する質問セット[108]を用いた．実験協力者本人は，自身に関して TIPI に回答した．聴衆と知人は，その実験者になったつもりで（知人評価用 TIPI で）回答した．研究者らは，実験協力者本人の回答とその知人 4 人の回答を統合して，それを実験協力者本人を最もよく表すパーソナリティ（正解のパーソナリティ）とした（図 8.4 参照）．

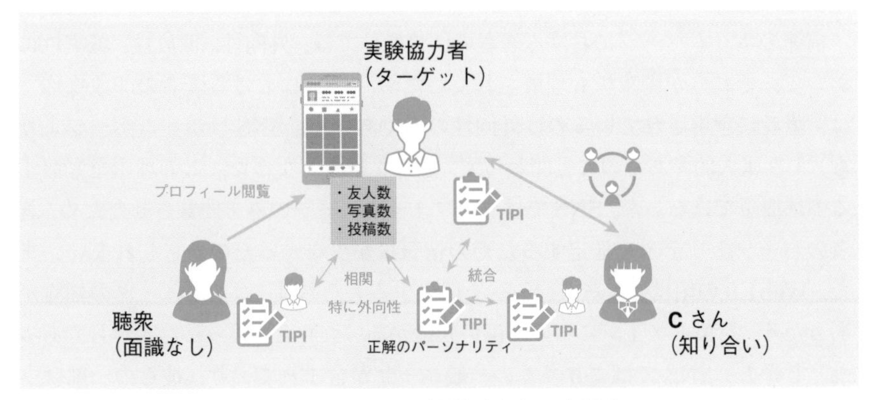

図 8.4　SNS の行動がもたらす印象
（文献 [125] の実験方法と結果）

分析は，実験協力者のプロフィールページの様々な特徴を介して行われた．例えば，写真数や投稿数，所属するグループ数，フレンド数などである．各特徴と，ビッグファイブの各指標の値との間に相関があるかどうかを，相関係数を算出し，無相関検定で検証した．すると，外向性については，聴衆（実験協力者と面識のない人）のパーソナリティ評価と実験協力者のプロフィールページの多くの特徴との間に相関が見られた．そしてこれらの特徴は，正解のパーソナリティとの間においても同様の相関が見られた．具体的には，写真数が多いと，聴衆が評価した外向性の値が大きくなる傾向が見られ，なおかつ正解の外向性の値も大きくなる傾向が見られた．このような傾向は，投稿数，所属するグループ数，友人数などでも同様に見られた．一方，精神症傾向，誠実性，協調性，開放性の4項目では，聴衆のパーソナリティの推定結果と正解のパーソナリティの間で，上記のような相関の一致は見られなかった．開放性については，正解のパーソナリティとの間に相関のある特徴はあったものの，聴衆の判定ではそのような相関は見られなかった．

彼らの実験結果から言えるのは，Facebookのプロフィールページにおいては，その著者のパーソナリティが表れているのは外向性と開放性であり，それらのうち聴衆に理解されているのは外向性である．開放性については，Facebookのプロフィールページに表現されてはいるが，それが聴衆に伝わっているとは言えない．つまり，ユーザの印象操作（意図的に操作しているかどうかは問わず）としては，開放性については成功していないことを意味している．また，その他のパーソナリティの項目については，プロフィールページに表現されているとは言えない．

前節のホームページにおける著者の印象操作では，外向性，開放性，誠実性において，それらが聴衆にも理解されていたが，SNSにおける著者の印象操作では，著者に理解されているのは外向性のみであった．SNSはホームページよりも，より属人的であるのにも関わらず，意外な結果となった．この理由を考察するのは簡単ではないが，SNSではプロフィールページのみを閲覧させたため，著者のパーソナリティを推定するための情報量が少なかったのかもしれない．また，Web1.0の頃は，ホームページを開設する人たちは，コンピュータの知識があったり，対象ドメインについて深い知識があったりと，限られた人たちであった．しかし，SNSではより多くの一般ユーザが含まれており，彼らの一部はプライバシーの観点から，あまり自分をSNS上で表現しなかったのかもしれない．SNSで印象推定が困難であった理由の考察は，今後の課題になるであろう．

8.5 プロフィール写真と印象形成

SNSのプロフィールページには，様々な情報が記載されているが，中でも最も聴衆から注目されるのはプロフィール写真である．プロフィール写真には，一般的には本人の顔写真が用いられることが多いが，本人の顔写真は聴衆の印象形成に大きな影響を与える．特に，その人に対して好意的に解釈するか否かと，その人に対して興味を持つか否かに大きな影響を与えると言われている[126]．ここでは，本人の身体的魅力についての一般的な知見とSNSにおけるプロフィール写真に対する印象と写真選択行動に関する研究事例を紹介する．

8.5.1 身体的魅力の効果

恋愛において，人のどのような特徴が，相手の好き／嫌いの判断に影響するのかについては，多くの研究が行われている．例えば，ウォルスター（Elaine Walster）らの研究[127]では，大学におけるお見合いのダンスパーティーにおいて，ダンスパーティー後にどれだけのペアが交際に至ったかを調査した．複数名の評価者が，これらのダンスパーティーの参加者に対して身体的魅力を評価した．ダンスパーティーから数か月が経過した時点で，2人が交際を続けているかどうかを調査した．この実験では，参加者から学業成績をはじめ，自尊心の程度，デートに対する自信の度合いや緊張の度合いなども尋ねていたが，交際の成否に唯一関係があった特徴は身体的魅力であった．

また，ルオ（Shanhong Luo）らもお見合いの実験を実施し，交際の成否を分ける特徴について調査した[128]．彼らは，参加者の関心，価値観，政治的態度，性格特性など様々な観点についてアンケート調査を行った．5分単位でお見合いをさせて，各参加者に見合い相手の評価を行ってもらった．実験結果を分析したところ，様々な特徴の中で最も相手の評価に寄与する特徴は身体的魅力であった．これらの研究から，恋愛において相手に対する評価に最も影響を及ぼす特徴は，その人の身体的魅力であることが分かる．

身体的魅力は，単に相手の好き／嫌いに関する評価に影響するだけではなく，それとは全く関係のない特徴に対する印象においても，ボーナス評価をもたらすことが知られている．例えば，スナイダーら（Mark Snyder）の研究[129]では，男子学生と女子学生をペアでインターホンを通じた会話を行わせ，会話の後に相手に対する印象を尋ねた．男子学生には，会話前に会話相手の女子学生のスナップ写真を渡した．ただし，これは8人の偽物のスナップ写真のうちの1枚である．本実験の参加者とは別の20人の男子学生に，事前に上記8人の女子学生のスナップ写真を10段階で評価させた．高い評価値を得た4枚の写真を身体的に魅力的な女子学生の写真とし，低い評価を得た4枚の写真を魅力的でない写真とした．すなわち，本実験の男子学生の参加者のうち，半分の男子学生には身体的に魅力的な女子学生の写真を，もう半分の男子学生には魅力的ではない女子学生の写真を渡したことになる．

51人のペアに対して本実験を行ったところ，会話前の第一印象として，魅力的な女子学生の写真を渡された男子学生は，相手の女子学生をユーモアに富み社交的で，素晴らしい女性だと推測した．そうでない写真を渡された男子学生は，相手の女子学生に対して，おどおどして社交的でなく，生真面目な女性だと推測した．すなわち，身体的魅力が人となりを表す他の多くの特徴に対してポジティブな評価を与えた可能性がある．もちろん，男子学生が行ったこれらの評価は，全く妥当性のないものであることは言うまでもない．

また，身体的魅力の影響は，相手の印象形成に影響を与えるにとどまらないことも分かった．上記の会話（実際には女子学生の発話部分のみ）を第三者（12人の心理学を学ぶ学生）に聞いてもらったところ，魅力的と勘違いされた女子学生の方が，友好的かつ好意的でまた社交的な会話を行っており，素敵な女性だと判断されたのである．すなわち，男子学生の身体的魅力に対する勘違いが人となりを表す多く特徴にポジティブな評価を与え，それが男子学生の相手に対する好意的な態度につながり，さらにそのような態度が相手への自信につながったと考えられる．このように，現実世界においては人の身体的魅力は，相手に対する評価，その評価からの相手に対する態度，そしてその態度から受ける自己評価，自己評価に基づく行動や態度へと，連鎖的に影響を与えうることが分かる．

8.5.2　SNS におけるプロフィール写真の影響

実世界において実際に目にした相手の姿や，実世界で手渡された顔写真が，相手に対する印象形成に大きな影響を与えることが分かった．知らない相手と知り合うことも目的になりうる SNS において，プロフィール写真は実世界と同様に相手の印象形成に影響を与えるのであろうか．これについても，いくつか研究が行われているので紹介する．

セイドマン（Gwendolyn Seidman）らは，Facebook のプロフィールページに似た Web ページを作成し，そこに男女の魅力的な写真とそうでない写真を掲載した[126]．このような写真の違いにより，聴衆がそのプロフィールページのどこを注視するかを，視線計測装置を使って計測した．聴衆には 51 人の男女を集めた．プロフィール写真には，11 人の男性と 11 人の女性のものを集め，30 人の評価者によりその身体的魅力を評価した．プロフィールページには，プロフィール写真をはじめ，自身についての概要（About me）や趣味・興味（Likes and Interests），広告などの情報領域があるが，各領域への注視時間を計測した．性別と身体的魅力を考慮して分散分析を行った．

すると，女性のプロフィールページでは，男性のプロフィールページよりも，聴衆はプロフィール写真に注目する時間が長いことが分かった．また，男性のプロフィールページでは，女性のプロフィールページよりも，聴衆は趣味・興味に注目する時間が長いことが分かった．また，プロフィール写真が魅力的でない場合は，本人のプロフィールに関する情報ではなく，広告に注視する時間が長かった．プロフィールページの各領域への注視時間は，平均で趣味・興味に対して 12.04 秒，概要に対して 8.37 秒，プロフィール写真に対して 3.52 秒，広告に対して 2.26 秒であったことが分かった．セイドマンらはこれらの結果から，聴衆はまずプロフィール写真を見て，アカウントの性別と身体的魅力を確かめた後，印象形成するために趣味・興味に注目するかどうかを決めているのではないかと考察している．

また，プロフィール写真の魅力は，その人に対する印象形成を行うのにコストをかけるべきかどうかを判断するフィルタリングに利用されているだけではなく，印象形成後の行動の意思決定にも利用されていることも確かめられている．例えば，SNS におけるプロフィール写真の身体的魅力と友人リクエストの受け入れの可否に関する被験者実験を行った研究がある．ワン（Shaojung S. Wang）らは，Facebook において，身体的魅力の高い写真がある場合，身体的魅力の低い写真がある場合，写真のない場合の 3 通りの架空のプロフィールページを作成した [130]．被験者は，それらのページを閲覧し，その人からの友人リクエストがあったときに，そのリクエストを承認するかどうかについて回答した．すると，男性，女性どちらの被験者も，写真の人が魅力的であったときに，特にその人が異性であれば，リクエストを承認する傾向にあった．

また，スナイダーらの研究 [129] では，現実世界において身体的魅力がその後の印象形成にバイアス（偏見）をもたらすことを示したが，オンラインにおけるプロフィール写真の魅力も，その人の人となりを理解する際にバイアスをもたらすのであろうか．ブランド（Rebecca J. Brand）らはデートサイト上のプロフィールページを収集し，プロフィール画像と自己紹介文を別々に抽出した [131]．彼らは被験者にこれらのプロフィール画像と自己紹介文を正しく組み合わせるように依頼する実験を行った．また，被験者にプロフィール画像と自己紹介文のそれぞれに対してパートナーとしての魅力に関する評価を行わせた．実験の結果，被験者はプロフィール画像と自己紹介文を適切に組み合わせることができなかったと報告している．また，魅力度の高いプロフィール画像に対しては，魅力度の高い自己紹介文を組み合わせる傾向にあったことも報告している．すなわち，前項のスナイダーらの研究と同様，SNS でも身体的魅力が高ければ，人となりを表すその他の特性についても高く評価しがちであると言える．

8.5.3 プロフィール画像の選択

前項にて，聴衆はプロフィール画像に注目していること，そしてその画像での身体的魅力がその人のポジティブな印象形成に影響することが分かった．しかし，当のユーザはどのような画像をプロフィール画像として選択しているのであろうか．Facebook は相互承認型の SNS であるため，プロフィール画像に本人の顔写真が使われる傾向にある．しかし，国が異なると，プロフィール画像に使う画像の選択も異なってくる．例えば，同じ Facebook でも，欧米人と異なり，日本人は自分の顔写真を使うことを避ける傾向にある．また，プロフィール画像に使う画像の選択は，プラットフォームにも依存している．オープンで一方的にフォロー可能な Twitter では，相互承認型の SNS である Facebook よりも，自分の顔写真を使わない傾向にある．

また，Twitter のような相互承認型でない SNS（ソーシャルメディア）は，聴衆が多様になるため，文脈崩壊（context collapse）を引き起こしやすい．**文脈崩壊**とは，自分の投稿が誰に見られているのかが分かりにくく，投稿を届ける相手の制御が極めて困難な状態を表す[†1]．マーウィックとボイド（Alice E. Marwick and danah boyd）は文脈崩壊を，「聴衆が多様であるために，一貫性のとれた単一のアイデンティティを保つための自己呈示戦略をとることが難しい状態」と定義している[133]．このような背景から，相互承認型でない SNS（ソーシャルメディア）において，どのようなプロフィール画像を選択するかは，学術的に高い関心を集めている．

冨永と土方は，Twitter を用いる日本人ユーザが，どのようなプロフィール画像を使っているのかを網羅的に調査した[134]．約 440 万人の日本人ユーザアカウントを収集した後，ランダムに選択したユーザアカウントのプロフィール画像を 3 人の評価者によって分類した．複数回の分類と分類結果を持ち寄った議論の後，プロフィール画像は Oneself（On：ユーザ本人の顔写真），Self portrait（Sp：ユーザの似顔絵），Hidden face（Hf：ユーザ本人の写真であるが顔が見えないもの），Associate（As：ユーザ本人と他の人が一緒に写っている写真），Different person（Dp：ユーザ本人とは違う人（有名人や子供）の写真），Letter（Le：文字だけの画像），Logo（Lo：企業や組織などのロゴ），Otaku（Ot：日本のアニメや漫画によく見られる美少女／美少年のキャラクタ），Character（Ch：一般向けのアニメや漫画のキャラクタ），Animal（An：イヌやネコなどの動物の写真），Object（Ob：時計やバイクなどの所有可能なオブジェクトの写真），Scene（Sc：自然の風景写真），Default（Df：デフォルトの画像）の 13 種類に分けられることが分かった．

440 万人のユーザアカウントからランダムに 1,087 個取り出した際の，各カテゴリのユーザ数は図 8.5 のようになった．Ot. は，上記の 13 種類のいずれにも属さない画像（Others）であった．ユーザ本人の顔写真は，1,087 人中わずか 111 人

[†1] 文脈崩壊の概念は，「文脈崩壊」という言葉は使っていないものの，メイロウィッツ（Joshua Meyrowitz）の "No Sense of Place" という書籍[132]で言及されており，古くからその存在が認識されている．しかし，「文脈崩壊」という言葉を誰が明確に定義して使い始めたのかは，著者の知る限りでは定かではない．

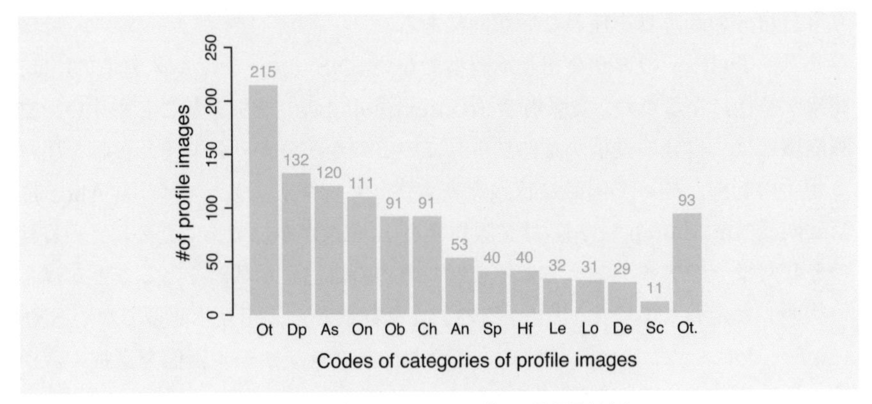

図 8.5 プロフィール画像の種類別割合
（文献 [134] より転載）

であった．誰か他の人と写っている写真は120人であった．すなわち何らかの形でユーザ本人の顔が写っている写真を使っている人は，全体のわずか20％ほどであることが分かった．このことからプロフィール画像から本人（実世界での本人）の印象形成が可能なユーザは，Twitterにはわずかしかいないと言える．

また，この研究では，これらの画像カテゴリごとに，Twitter上でどのような行動をとっているかも分析した．440万人のユーザアカウントから各画像カテゴリごとにランダムな100人を抽出し，彼らの行動データをクローリングした．具体的には，フォローフォロワー比，ツイート頻度，リツイートの割合，被リツイートの割合，リプライの割合，ハッシュタグ付きツイートの割合，URL付きツイートの割合の7種類の行動を取得した．これらの行動を説明変数，各カテゴリの画像を用いているかどうかを目的変数としてロジスティック回帰分析を行ったところ，ユーザ本人の顔写真を使っているユーザ（Oneself）は，ツイート頻度が低く，リプライやURL付きツイートの割合が高いことが分かった．一般的に，プロフィール画像に自分の写真を使っているユーザは，慎重であり社会的に望まれる行為を行う傾向があると言われており[135]，リプライやURLを用いた正確な情報提示は，この傾向によるものと思われる．また，誰かと一緒に写っている写真を使用しているユーザ（Associate）は，リプライの割合は高いが，URL付きツイートの割合が低いことが分かった．パーソナリティの外向性は写真中の顔の数と正の相関があると言われ[135]，これらのユーザは外向性が高いと推測される．一方，URL を用いた正確な情報提示は行わないと見られる．最も興味深かったのは，美少女／美少年のキャラクタを用いたユーザ（Otaku）で，彼らはツイート頻度が非常に高く，ハッシュタグの割合も高かった．自分の趣味であるアニメや漫画に関する投稿や情報収集を行い，ハッシュタグを通じて趣味の仲間と知り合おうとしているものと思われる．このように，Twitter では実世界の自分とは異なるアイデンティティを確立しているユーザが存在するため，また自分の知らないユーザからもアクセス可能であるため，用いているプロフィール画像が多様なのであると推測される．

8.5.4　投稿中の顔画像の効果

本節では，主にプロフィール画像に対する印象とプロフィール画像の選択について説明してきた．自分の顔写真を公開するのは，何もプロフィールページに限らない．SNS においては，日々の投稿においても自分の顔写真を載せることがある．プロフィールページに，直接に他のユーザからの反応が得られることは少ない．一方，日々の投稿においては，常に他者からの反応が「いいね！」やコメント，シェア（Twitter ではリツイート）という形で得られる．そのため，定量的研究において写真に対して他者が抱いた印象（ポジティブな印象）を得るには，プロフィールページよりも一般投稿の方が適していると言える．

また，SNS は他者とのコミュニケーションを図るためのツールであるだけではなく，他者に対する自分のプレゼンテーションの場でもある．常に他者からの反応が得られるということは，投稿者としては常に自分が他者に与えた印象を気にしてしまうことだろう．SNS の一般投稿に貼付する写真は，プロフィールページの画像と異なり，自身の視覚的象徴（アイコン）の役割を持った画像というよりは，自身の嗜好（しこう）や経験を表現したものと考えられる．そのため，そこには必ずしも自分の顔が写っているとは限らない．ランチや飲み会で出された食べ物の写真を真上から撮影し投稿する人も多いだろう．女性だと，お気に入りのコスメやアクセサリーを接写して投稿する人も多いだろう．これらの写真には人は写っていないが，その人にとっての特別な瞬間や思い入れを表したものと言える．写真付きの一般投稿に対して，聴衆がどのような反応を示すのか，すなわちポジティブな印象を抱くのかは興味のあるところである．

土方らは，画像に特化した SNS である Instagram を対象に，どのような画像の投稿が「いいね！」を獲得しやすいかを調査した[136]．彼らは一般ユーザを対象に，次のような研究課題（RQ：Research Question）を設定した．

RQ1：自分（投稿者）の顔が写っていると「いいね！」されやすいか？

RQ2：自分（投稿者）以外の第三者の顔が写っていると「いいね！」されやすいか？

RQ3：どのような内容（食べ物，風景，オブジェ）の写真が「いいね！」されやすいか？

RQ4：写真に写っている人の数や写真の枚数が多いと「いいね！」されやすいか？

RQ5：テキストやハッシュタグ，位置情報が付与されと「いいね！」されやすいか？

Instagramでの投稿の頻度や内容，他者の投稿に対する反応は，年齢や性別によって大きく異なる可能性があったため，土方らは女子大学生16名のInstagramアカウントから，合計545個の投稿を抽出し，これらの画像（投稿）特徴とそれに対する聴衆の反応（「いいね！」）を調査した．「いいね！」されやすいかどうかの判定には，対象ユーザの平均的な投稿に対して，当該投稿（写真）が相対的にどれだけ多くの「いいね！」を獲得したのかを評価した．具体的には，いいね率（当該投稿のいいね数÷そのユーザのいいね数の平均）という指標を導入した．自分の顔と第三者の顔の有無，写真の内容の判定は，3人の評価者による多数決で行った．注目した画像（投稿）特徴は，表8.1の通りである．ここで，「位置情報」とは現在地に基づいて推定された場所名が付与されているかどうかである．「動画」は投稿に動画が付与されているかどうか，「テキスト」はテキストでの説明文が付与されているかどうかを表す．タグ数は付与されたハッシュタグの数，写真枚数は一投稿当たりに貼付された写真の枚数，人数は投稿された写真に含まれる人の数である．

表8.1 土方らの調査した写真特徴一覧

顔（自分）	顔（第三者）	食べ物	風景	オブジェ
有／無	有／無	有／無	有／無	有／無

位置情報	動画	テキスト	タグ数	写真枚数	人数
有／無	有／無	有／無	定量	定量	定量

土方らは，最初に写真に何が写っているかで，「いいね！」のされやすさが異なるかどうかを確かめた．注目する撮影対象物として，自分の顔，他人の顔，食べ物，風景，オブジェ（時計や車など人が所有できるもの）を挙げた．特徴量は，これらが写っているか否かである．すなわち，これらの注目対象が写っているか否かで，いいね率が異なるかどうかを統計的に（ウィルコクソンの順位和検定で）検証した．その結果，自分の顔と他人の顔，風景が写っていると，いいね率が高いことが分かった．これまでの印象形成の研究において本人の身体的魅力の影響が大きいことと [127], [128], [129], [130]，SNS の聴衆はプロフィールページにおいてプロフィール写真（顔写真）に注目すること [126] が分っていることから，自分と他人の顔が写っていると「いいね！」されやすいという結果は，納得できるものである．

彼らは，次に定量データであるタグ数，写真枚数，人数といいね率の相関分析を行ったところ，いずれも値が高くなるほどいいね率が高くなることが分かった．Instagram には，シェアの機能がないため，投稿写真を多くの人に見てもらうためには，検索（主にハッシュタグ検索）で見付けてもらうしかない．タグ数が多いほど「いいね！」されやすいという結果は，それらの投稿が検索にひっかかりやすかったということを表しているのだと思われる．また，Instagram では 1 つの投稿に複数の写真をまとめて載せることができるが，特別なイベントほど多くの写真を載せたくなるものである．そのような特別感が聴衆の「いいね！」を誘った可能性がある．また，写真に写っている人の人数も同様で，特別なイベントほど多くの友人や家族と一緒に写真に写ると思われる．これらも聴衆から多くの「いいね！」をもらえる可能性が高い．

ただ，特徴について個別に分析していると，特徴間の相関を見落としてしまいがちである．彼らは，さらに詳しい分析を行っており，撮影対象物間の共起頻度（Jaccard 係数）を算出したところ，風景を撮影した写真には，自分の顔が写っているものが多かった．また，他人の顔が写っている写真には，自分の顔も写っていることが多かった．このことから，風景をバックにして他の人と一緒に自分も入って撮影した写真が多いのだと推察される．確かに旅行やイベントなどの特別な機会には，このようなスタイルで写真撮影することは多く，納得できる結果である．

最後に，全ての特徴量に対して回帰分析を行ったところ，自分の顔が写っていること，テキストが付与されていること，そしてタグが付与されていること（タグ数が多いこと）が，「いいね！」されやすい条件であることが分かった．撮影対象物については，やはり自分の顔が支配的なのだと分かる．

以上の研究結果から，プロフィール画像だけではなくSNSの一般投稿においても，自分の顔写真は，聴衆からの評価にポジティブな影響を与えることが分かる．インスタグラムのように写真が主体となるSNSでは，実世界の自分の活動が主な投稿内容になると思われる．実世界とオンラインの2つの環境を切り分けて考えるのではなく，これらの双方の活動をいかに魅力的にするかが，印象操作においては重要になると思われる．

演習問題

問題1　印象操作と自己呈示とは何かを簡潔に説明せよ．

問題2　実世界で自分の身体を用いたコミュニケーションとソーシャルメディアでのコミュニケーションにおいて，それらの環境（メディア）における自己呈示のための表現能力（物理表現の種類）の違いについて簡潔に説明せよ．

問題3　メールのみによるやり取りからの第一印象と，ホームページでの発信内容からの第一印象において，後者の方が印象形成をしやすかった理由について推察せよ．

問題4　ホームページでの発信内容からの第一印象と，SNSにおけるプロフィールページからの第一印象において，前者の方が印象形成をしやすかった理由について推察せよ．

問題5　ソーシャルメディアで見られる文脈崩壊とは，どのような現象かについて簡潔に説明せよ．

第9章
ソーシャルメディアの未来

本書では，Web とソーシャルメディアが従来の学問分野に与えた革新について説明し，「ソーシャルメディア論」という学問体系の 1 つの在り方を示した．現在の IT システムは人々の社会的参画なしには考えられなくなりつつあり，また人々は遠隔での非リアルタイムでライトなコミュニケーションを抜きにした生活は考えにくくなりつつある．このような IT システムの社会への浸透が，「ソーシャルメディア論」という学問体系の必要性を生んだと確信している．しかし，IT システムは今後も進化を続けるであろう．また，これまで電子化されていない領域にも，電子化とオンラインの波は及んでくるであろう．そのとき，本書で述べてきた学問体系の一部は核となる考え方として残るであろうし，他の部分はその重要性が下がってしまうかもしれない．今後，Web とソーシャルメディアがどのように発展するのか，あるいはそれらに置き換わるコミュニケーションメディアとして，どのようなものが誕生するのか．また，人々の生活をどのように変え，また新たな問題を引き起こすのか．未来を想像することは，このような学問体系をまとめるよりも，はるかに難しいことではあるが，最後にこの難問に挑戦し，本書を締めたいと思う．

9.1 ソーシャルメディアが落とす影

Web やソーシャルメディアを学問の研究対象と見たときに，大きくは 2 つのタイプに分かれる．1 つは，その存在を肯定的に捉え，それがもたらす知識や価値を理論的に体系立て，エンジニアリングさらにはビジネスにおいても積極的に利用していこうとするタイプである．もう 1 つは，その存在を否定的とまではいかないまでも，批判的に観察し，それが社会や個々人に与える影響について注意喚起していこうとするタイプである．本書は，基本的にはこれらに対して中立的に，公平に扱うことを心がけたつもりであるが，著者自身のバックグラウンドが工学・情報学系の研究者であることから，結果的に前者のタイプになってしまった．本書を通じて，まずはWebやソーシャルメディアという新しい環境が，我々にどのような夢を見させてくれて，どのような明るい未来を見せてくれるのかを実感してもらいたかったからである．また，これは著者の勉強不足ではあるが，Webやソーシャルメディアで起きつつあることを批判的に観察し，社会や個人の行動がどのように変化しつつあるかまでを体系的に述べることができなかったからである．読者の中には，この点について強い不満を持たれた方も多いであろう．また，7章や8章では，人々の心理にまで踏み込んだが，データを持っている側（特に企業）は，ここまで個人のことが分かってしまうのかと，恐怖を感じた方もいるかもしれない．そこで本節では，Webやソーシャルメディアの影の部分について論じたい．

(1) ソーシャルメディアがもたらす偏見

最初に紹介したい問題は，ソーシャルメディアがもたらしかねない**偏見**である．この偏見は，大きくは2つのメカニズムにより引き起こされると考えている．1つは，本書でも扱ったレコメンデーションの影響である．レコメンデーションは，Webやソーシャルメディアの協調性がもたらした画期的なマーケティングツールである．その人の興味や嗜好（しこう）に合わせて，正確に商品や情報をユーザに届けてくれる．ユーザは，自分が欲しかった商品や情報にたやすく出会うことができ，幸せになれる．その商品や情報を提供した企業は，その出会いに対する対価を得ることができ，幸せになれる．一見，素晴らしい貢献をもたらしたかに見えるこの技術にも1つの落とし穴がある．それは，出会いの偏向性である．

特にニュースサービスで，その偏向性に気付きやすい．分かりやすい例を挙げると，アメリカで政治を語るときには，大きく分けて2つのポリシー（政治的な考え方）がある．1つは保守（右派）で，もう1つはリベラル（左派）である．保守は，地域や教会を中心とした自治の伝統を重んじ，国際社会においても自国の権利を主張する傾向にある．リベラルは，社会的な少数派や弱者の権利・支援を重んじ，国際社会においては国という単位を超えたグローバルな協調を主張する傾向にある．例えば，あるユーザが海外に興味を持っていたとして，国際連携に関するニュースを選択しがちであったとする．そうすると，協調フィルタリングの仕組みにより，アルゴリズムはそのユーザをリベラルだと判断して，より国際連携に関するニュースやマイノリティに関するニュースを提示するようになる．そうすると，そのユーザはより一層リベラルの立場で書かれたニュースを読むようになる．このように，アルゴリズムにより，情報接触に偏りが生じてしまうのである（一般には，**フィルターバブル**（filter bubble）と呼ばれる）[137]．海外のことを理解するのであれば，保守とリベラルの双方の考え方や主張に触れるべきであろう．レコメンデーションは，読者からその機会を奪いかねない．

もう1つは，本書で学んだように，SNSにおける社会ネットワークが，ユーザの興味からコミュニティを作りがちな点である．このような傾向は**サイバーカスケード**（cyber cascade）と呼ばれる[31]．厳密には，サイバーカスケードとは，インターネットを用いたコミュニケーションメディアでは，同じ主張や主義を持つ者同士を結び付けやすいという傾向を意味する．当然，SNSには上で示したような政治的な考え方を反映したコミュニティも存在するはずである．あるユーザがフォローしたごく数人の親しい友人が自国の軍事に興味があったとする．彼らは，自国のことは自分たちで守るべきだと言う保守の考え方を持つ人たちをフォローしているかもしれない．このような場合，自分からSNS上の友人関係をフォローして他のユーザを探したときには，周りには保守の考え方を持つ人たちしかいないかもしれない．それらの人たちをフォローすると，保守的な考え方を持つ投稿ばかりが自分のタイムラインに表示される．そのタイムラインから，自分が興味を持った発言をしているユーザを選択すると，さらに自分の周りには保守的な人たちが現れるようになる．このように，友人関係に偏向性が生じるのである．ソーシャルメディアや協調的なWebサービスにおいては，このように接触する人や情報に極端な偏りを生みがちになる点には，気を付けなければならない．

(2) ソーシャルメディアがもたらす集団力学

ときに人は社会的な動物であると言われる．多くの心理学の実験においても，人は他者に同調する傾向が確かめられている．社会心理学者のアッシュ（Solomon E. Asch）は，このような同調傾向を被験者実験によって明らかにしている[138]．彼は，被験者に4本の直線が書かれた紙を渡し，一番左にある直線に最も近い長さの直線を右の3つの直線から選ばせる実験を行った．その実験では，被験者はたとえ明らかに間違っている解答であったとしても，他の被験者が全員それを選択していれば，その解答を選択しがちであったことを示している．ここまで極端な同調は，非対面環境にあるSNSで見られわけではないが[139]，それでもメールにおいて長過ぎる署名は避けるとか，検索エンジンなどで簡単に調べられるようなことを人に聞かないというようなネチケットについては，同調を求められることがある[140]．また，インターネットを用いたコミュニケーション環境では，ときに“lol”（「笑い」“lough out loud”を意味する）や“thx”（“Thank you”の略称）のようなネットスラングが出現する．これらを使用するか否かはユーザにとって自由ではあるが，コミュニティによっては，これらをうまく使えないと疎外感を感じるかもしれない．

ソーシャルメディアでは，(1)で示したようなコミュニティにおける偏向性が生じがちである．そのような閉じたコミュニティでは，コミュニティ内の構成員は互いを似た者同士であると認識する傾向がある[141]．本書の3章では，集団の判断はより正解に近いものになりがちであること（群衆の英知）を示した．しかし，このようなインタラクションを伴う閉じたコミュニティでは，コミュニティ全体としての判断は平均的な意見に落ち着くのではなく，より極化した方向（ときにより危険な方向である**リスキーシフト**（risky shift））に流れていく傾向にある．これを**集団極性化**（group polarization）[142]と言う．すなわち群衆の英知に必要な多様性や独立性が機能せず，**集団思考**（group think）に陥りやすくなる．集団思考とは，閉じた集団内での意思決定においては，集団の意見の一致を重視するあまり，とりうる可能性のある選択肢の全てを平等に考慮しなくなる思考様式をいう[28]．

また，ここにソーシャルメディアの「いいね！」やシェアによる報酬が発生する．平均的な意見や中庸な意見，利点と欠点の両方を述べたような意見には，「いいね！」が付きにくく，シェアもされにくい傾向がある．人々は，これらの報酬が欲しいがために，より極化した意見を投稿するかもしれない．また，「いいね！」やシェアが行われれば，それが多くの人に波及し，自分のタイムラインにも他の人の「いいね！」やシェアした投稿が表示される．そうすると，他のユーザはそのような極化した意見が主流なのではないかと錯覚を起こしてしまう．

ソーシャルメディアは，地理的距離や時間的不一致，既存の組織などの制約から解放され，自由にコミュニティを作ることができる．そのような利点がある一方，そこでのコミュニティ形成は同じ趣味を持つとか同じ考え方を持つというような内容に基づいてのみ形成される．そのため，このようなコミュニティは，同じような意見や価値観を持った人たちだけから構成される可能性が高い．集団極性化は，特定の問題の判断やそれに対する意見についての極化を考えたが，もう少し抽象的な信条や価値観というものにおいても同質化することが考えられる．閉鎖的なコミュニティ内でのコミュニケーションを繰り返すことよって，特定の信念や価値観が増幅または強化されることを**エコーチェンバー現象**（Echo chamber）と呼ぶ[143]．このようにソーシャルメディアには，意見の表明や行動の規範に，コミュニティ特有の集団力学が働く可能性がある．この特徴に注意して，情報接触する必要がある．

(3) ソーシャルメディアがもたらす個人攻撃

ソーシャルメディアは大きくは2つの種類に分けられる．1つは，実名制のソーシャルメディアで，もう1つは匿名のソーシャルメディアである．前者の代表例としては，相互承認型SNSが挙げられる．後者には，一方方向で誰もが任意のユーザを自由にフォローできるタイプのSNSや，人々が自由に商品やサービスのレビューを投稿できる口コミサイトなどが挙げられる．後者のようなサービスでは，実名で利用している人もいるが，匿名で利用している人が多い．その比率はサービスによって異なり，また同じサービスでも国や文化によって異なることが示されている[144]．

ところで実世界の街角では，人々は匿名で行き来している．その場で不道徳な行為や他人への攻撃（ときに暴力）があった場合，その行為を行っている者は，その名前まではわからないものの，周りにいる人間に認知される．しかし，匿名のソーシャルメディアにおいては，その場での特定性はないに等しい．この性質は，ときに人を自由な振る舞いへと導く．医学や心理学の分野では，この行動は，**脱抑制**（disinhibition）と呼ばれる．正式には，状況に対する反応としての衝動や感情を抑えることが不能になった状態のことを指す[145]．すなわち，匿名のソーシャルメディアは，人々を社会的に望まれていた行動やマナーから逸脱させてしまう傾向にある．例えば，シーゲル（Jane Siegel）らはオンラインにおける意思決定場面において，意見に対して自分の名前が表示される場合と，表示されない場合では，表示されない場合の方が相手に対する敵対的発言が多かったことを報告している [146].

このような脱抑制は，ときに個人への攻撃に向かうことがある．それは，大人に対してだけではなく，ソーシャルメディアを始めたばかりの子供に向かうことさえある．特に，メディアで採り上げられたり，ニュースの対象になったりした個人には，たとえそれが社会的な問題であると言い切れない場合であったり，犯罪であると言い切れない場合でも，攻撃が集中することがある．メディアで採り上げられた瞬間から，一個人が公共財のように認知されてしまうからかもしれない．ソーシャルメディアでは，ふとした発言や他メディアでの報道により，他人からの攻撃を受ける可能性があることに注意する必要がある．ソーシャルメディアにおける匿名の権利と表現の自由に対する権利の両方をいかに守るか，絶妙なバランスをとることが求められている．

(4)　ソーシャルメディアがもたらす情報断片化

本書の2章でも述べたが，Web（すなわちハイパーテキスト）とソーシャルメディアの発展とともに，一つひとつの情報の単位が小さくなりつつある．紙媒体で情報を閲覧していたときには，情報に対する検索の容易性は低く，人は発見した情報源に対しては，できる限りその内容を吸収することに努める傾向にあった．また，情報間の関連性も視覚化されていないことから，発見した情報源に対しては，最初から最後まで，著者の示した順序で閲覧していた．しかし，ハイパーテキストが誕生してからは，情報と情報に明示的な関連付けを持たせることが容易になったため，情報の分割化が行われるようになった．分割された情報単位を，読者の好きな順序でハイパーリンクをたどりながら読む（いわゆるネットサーフィン）ことが主流になっていった．

また，Webの発展とともに，一般の人々が情報発信するメディアであるCGM（Consumer-Generated Media）も盛んになっていった．当初は，ブログのような，ある程度の長さの記事が1つの情報単位となっていたが，SNSが登場すると，その投稿単位は，読者のタイムラインを独占しない程度に短縮されていった．情報のメディアも，テキストから画像，さらには動画と移り変わってきたが，特に動画については，その情報単位の短縮化が顕著である．動画共有サービスの老舗である Youtube では，数分から数時間にわたる様々な動画コンテンツが共有されているが，Instagram や TikTok では，15 秒程度の短い動画に制限されている．SNS や動画共有サービスでの投稿は，これまでの Web 上のテキストコンテンツに比べて，著者による情報間の関係性は明示されていない（ハイパーリンクが用いられていない）ことが多い．すなわち，短く断片化した大量のコンテンツが独立に存在している環境にある．これを本書では，「**情報断片化**（information fragmentation）」と呼ぶ．人々は，これらの情報を次々と（時系列またはサービス提供者側の提示順序で），ときに次々とスキップしながら，閲覧（視聴）している．

論理的な内容を人々に伝えるためには，ある程度の文章の量が必要となる．また，ストーリーを楽しんでもらうためにも，ある程度の文章の量や動画の長さが必要となる．SNS の環境は，これらのコンテンツを消費する機会を失わせているとも言える．このことが人々の論理的思考能力や言語能力にどのような影響を与えるのかは，まだ分かっていない．我々は，情報をどのような単位でオンラインにアップロードすべきか，また異なる単位長の情報源間の関連性をいかに明示していくかを考える段階に入っているのかもしれない．

(5)　ソーシャルメディアがもたらす強制保存

近年，「**忘れられる権利**」（“Right to be forgotten”）という言葉が使われるようになりつつある[147]．これは，ソーシャルメディア，そして Web そのものから，自分に関する情報を削除する権利を意味する．このような権利は，特にヨーロッパで盛んに議論されてきた．例えば，英国では犯罪者が社会復帰することの重要性が唱えられており，そのためには過去の犯罪から一定期間が過ぎた後には，そのことが保険への加入や就職を妨げてはいけないと考えられている．また，2014 年 5 月に欧州司法裁判所は，「忘れられる権利」は人権であると法的に定めている[148]．

このような権利の確保が求められている背景には，Web やソーシャルメディアにおいて，情報の削除が容易でないことが挙げられる．Web やソーシャルメディアはコンピュータシステムの一種であるため，当然そこで保存される情報はデジタル形式で保存される．デジタル情報は容易に複製可能であり，それはサーバ間の複製を含むことも意味する．すなわち，一度 1 つの Web サーバに情報をアップロードして公開した後は，その後のサーバ間の複製を防ぐ手段はない．人には誰でも，若気の至りというものがあるはずだ．仲間の中で目立ちたくて行き過ぎた行為を行い，今となっては他人に見せられない写真がある人もいるであろう．そのような写真を，過去にソーシャルメディアにアップロードしていたら，その写真は今でもそのソーシャルメディア，あるいは他のWebサーバに保管されているはずだ．1つのサービスに削除要求を出して，削除してもらったとしても，それがファイル本体を削除したのか，単に索引（リンク）を削除したに過ぎないのかは，外部からは分からない[147]．1つのWebサーバで対象のファイルが削除されたことを確認したとしても，まだ他のサーバにデータが存在しているのではないかと言う不安は最後まで解消されることはない．

また，Webでは情報のアクセス手段として検索エンジンを用いることが多い．検索エンジンの有無が，従来の紙媒体での情報提供とは環境的にかなり異なることにも注意が必要である．各新聞社は，それぞれが配信した記事を保存している．そこには，過去の犯罪に関する記事も含まれている．しかし，実際に新聞社を訪れて，数十年前の犯罪記事を探すことはかなりの労力となる．また，偶然にそのような記事に出会うことは，ほとんどないと言ってもよい．しかし，検索エンジンは永遠に情報の在り処（索引情報）を提供し続ける．また，他人の検索キーワードとその閲覧履歴，他のWebページのリンク情報を，結果のランキングに利用し続ける．そのため，ずいぶん前の犯罪情報でも，検索結果ページのトップに出続けるということがある．検索エンジンの運営企業に，索引の削除要求をすることもできるが，一般ユーザにとってその手続きは煩雑であり，運営企業においても削除の判断基準が確立されているとは言いがたい状況である．ユーザ（読者）にとっては，このような犯罪情報は，自らの生活の安全を確保するために必要であるが，そのような多くのユーザの利便性と一個人（犯罪者）の社会復帰の権利のバランスをいかにとるのかを考える段階に入ってきていると言える．

9.2 ソーシャルメディアが照らす未来

ソーシャルメディアは人々のコミュニケーション媒体の１つである．現在，それはあらゆるコミュニケーション媒体の中で最先端にあると考えられるが，これが人のコミュニケーション形態の最終形であるとは考えにくい．また，2章で述べたように，人類のコミュニケーション媒体の変遷において，かつての最先端のコミュニケーション媒体は，その後も使われる傾向にある．したがって，我々が日常を短い日記のような形式で投稿したり，他人の投稿に対して「いいね！」したり，コメントしたりという行為そのものが，失われるとは考えにくい．ソーシャルメディアの形態や人々の使い方は，今後徐々に変化していくであろう．そして，気が付いた頃には，それはもはや「ソーシャルメディア」とは呼ばれなくなっているかもしれない．ここでは，今後想定される変化について，筆者なりに予想してみたい．

(1)　コミュニケーション媒体と広告媒体の融合

多くの読者にとって，広告は見たくないものの代表例であろう．まして，それが大切な家族や友人とのコミュニケーションの最中に入ってくることなどもっての他である．しかし，ソーシャルメディアは，それを許してしまった．あなたのタイムラインには，企業からの広告が他の投稿に近い形式で表示されているであろうが，もうそれに慣れてしまっているかもしれない．ソーシャルメディアが，最強の広告媒体であると言われる理由はここにある．

従来の産業やビジネス環境では，規模の効率が大きな競争力となっていた．同じ仕様の商品を低コストに大量に製造し，それをマス広告により宣伝し，多くの人に買ってもらうのである．このようなビジネスでは，多額の資金を投入して設備を購入して，多くの労働者により作業を分担して製造する必要がある．このような生産体制は，会社という組織を立ち上げて，ようやく実現可能となる．しかし，近年は消費者のニーズが多様化し，またより専門化することで，よりニッチで専門的な商品やサービスが増えつつある．また，インターネットを使うことで，個人が企業と同じ土俵で商品を宣伝し，販売することが可能になりつつある．よって，個人が単なる消費者であるだけではなく，ときに生産者になったり，広告媒体の提供者になったりするようになってきた．

従来のソーシャルメディアは，エンドユーザとしてのコミュニケーションツールであった．そのため，タイムラインに表示される広告には，かなりの抵抗感と違和感があったであろう．しかし，一個人が自己表現や自己実現としてのスモールビジネスを展開するようになると，エンドユーザとサービス提供者，さらには広告媒体の提供者との境界が曖昧になっていく．ここ数年で立ち上げられた個人事業者向けのソーシャルメディアサービスや，近年のSNSにおけるインフルエンサーの活躍から類推するに，コミュニケーション媒体と広告媒体の境界は極めてあいまいなものになっていく可能性がある．これは，従来のマーケティングチャネルの崩壊を引き起こすかもしれない．

(2) 多様性の実現

ソーシャルメディアは，個人が主体となって発信するメディアであるため，個人の権利を支援し，より多様な生き方や価値観を認め合う文化を醸成した．特に，LGBT，すなわちLesbian（レズビアン，女性同性愛者），Gay（ゲイ，男性同性愛者），Bisexual（バイセクシュアル，両性愛者），Transgender（トランスジェンダー，性別越境者）に相当する人たちは，ソーシャルメディアが自分たちの自己表現やコミュニケーションに，大きな貢献を果たしたと感じているであろう．従来よりLGBTをはじめとするマイノリティの人たちは，**自助グループ**（Self-help group）を構築し，互いに情報交換をしたり，助け合ったりしてきた[149]．そして，ソーシャルメディアはそのプラットフォームとして機能してきた．また，単なる助け合いの場として機能するだけではなく，自己表現についても，これまでにない自由を得てきた．自身の物理的（医学的）な性（外見）は，周囲の人たちに従来の典型的な性に応じた行動を期待させる．しかし，そのような行動と彼らの実際の行動の間には乖離（かいり）がある．実世界においては，それが顕著に表れるため，ときに他人に理解されず不快な思いをすることもあったであろう．一方，ソーシャルメディアは非リアルタイムで自己表現ができるため，自分の姿や振舞いを，思うように制御できる利点がある．そのため，LGBTの人たちにとっては，オンライン（特にLGBT専用のSNS）は自由に自己表現できる場として人気を得てきた[150]．

また，匿名性の高いソーシャルメディアでは，アカウントを2つ以上持っているユーザも多い．実世界の自分に関連付けたアカウントと，オンラインで表現したい自分のアカウント（例えば趣味のアカウント）である．性を変えるまでには至らなくても，2つ目のアカウントでは，実世界のアカウントとは異なる人格を持つ人間として振る舞いたい人も多いであろう．近年，バーチャル Youtuber が誕生したり，VR のキャラクタを簡単に作成できるツールが開発されたりと，異なる人格を表現できる環境が整いつつある．このような環境では，実世界の自分とは全く別の人生を同時に歩むことができる可能性がある．今後は，オンラインでは実世界とは異なる性になったり，異なるパーソナリティを持つ人間として振る舞ったりする人も出てくるであろう．ここでは，本来の自分はどちらかという議論は意味をなさなくなる可能性がある．

(3)　実世界との融合

ソーシャルメディアが広く普及した現代において，現実世界とオンラインとを切り分けて考えることは，もはや不可能であると考える研究者も少なくない．しかし，Twitter の利用者数の増加とは裏腹に，ジオタグ付き（緯度経度情報付き）のツイートを行うユーザ数は限定的である[151]．技術的には，オンラインと実世界をつなぐことは容易であり，すでにその機能は実装されているが，その利用にはプライバシーの問題が生じる．

一方，実世界のモノに対するリンク付けについても，その技術はまだ発展途上にある．全てのモノに RFID タグ（Radio Frequency Identifier）を付与することは，現時点では現実的ではない．そのため，ユーザとモノとの接触には，カメラを用いた画像認識や手首のモーションデータからの動作認識など，人工知能を用いた推定技術が必要になる．全ての物体の種類に対しての学習データは取得されておらず，これも RFID タグの付与と同様に大きな課題となる．しかし，学習モデルが獲得されれば，その適用範囲は広がるため，人とモノとのリンク付けが進む可能性がある．

Web とソーシャルメディアの発達は，情報（コンテンツ）と情報のネットワークと，人と人のネットワーク，そして人と情報のネットワークが生まれたことによるものである．単にこれらをつなぐ仕組みを用意しただけでなく，それが社会に受け入れられたことが発展の要因である．人間社会においては，人と情報だけでなく，さらにモノとの関係性が重要である．最後のモノが人につながったときに起こるイノベーションの大きさは，計り知れない．一般には，これはIoT（Internet of Things）と呼ばれるが，人とモノとの関係を検出した後に，それをどのようにプライバシーを保持しつつ，保存し，公開し，利用していくかが重要となる．このようなサービスの設計は十分に議論されているとは言えない．

これまでにない種類のデータが発生したときに人にもたらす利便性とプライバシーの問題は，必ずトレードオフの関係になる．いつ実世界に関する情報を検出するのか，検出する／しないの切り替えの制御権をいかにユーザに与えるのか，その制御のわずらわしさをいかにユーザから開放するのかなど，多くの技術的課題を乗り越える必要があるであろう．

演習問題

問題1 情報推薦でもたらされるフィルターバブルとは，どのような現象か簡潔に説明せよ．

問題2 ソーシャルメディア上で起こりやすいサイバーカスケードとは，どのような現象か簡潔に説明せよ．

問題3 閉じたコミュニティで起こりやすい集団極性化と集団思考とは，どういう現象か簡潔に説明せよ．

問題4 特に匿名環境で起きやすい脱抑制とは，どういう行動か簡潔に説明せよ．

問題5 Webとソーシャルメディアで，なぜ情報の断片化（表示される情報の単位が小さくなっていった現象）が起きたのかを述べよ．

問題6 Webとソーシャルメディアにおける「忘れられる権利」とは何かについて，簡潔に説明せよ．

問題7 人と情報がつながったネットワークに，モノがつながったときに起きうるイノベーションについて論ぜよ．

あとがき

筆者が自分の将来を強く意識したのは，小学校 5 年生の頃である．父親が，当時は珍しかったパソコンを買ってきて子供部屋に置いたのである．その当時のパソコンは，まさに魔法の箱であり，その表現能力は限られていたものの，プログラムで命令すれば思うように動かすことができ，感動したことを今も鮮明に覚えている．今は，まだ使っている人はほとんどいないが，いずれ世の中を変える機械だと確信し，プログラミングにのめり込んでいった．

その次に，自分の生きる道を定めることになったのは，大学 3 年生の頃である．ちょうど，阪神淡路大震災があり，神戸に住んでいた筆者も被災し，勉強どころではなくなってしまった．しかし，その頃，世界では大きな変化が起きつつあった．それは，インターネット，特に Web の誕生である．それまで，研究機関でしか用いられていなかったインターネットが，Windows95 という OS のリリースによって，急速に一般ユーザに広まっていったのである．被災直後で途方に暮れていた時期ではあったが，Web が今後のビジネスを変えるだろうと確信し，Web の研究を始めるに至った．

その後のコンピュータと Web の発達は言うまでもない．若き頃の確信は，間違ってなかったと言える．しかし，このように変化の激しい技術や環境を対象に研究をしていると，その技術の方法論の何が本質的で，発見した知見の何が普遍的であるのかが見えづらくなる．Web の創成期の頃は，筆者は人々が手で HTML を書いていることを想定して，Web から人工知能の実現に必要な知識を抽出する技術を開発していた．しかし，やがて人々は手で HTML を書くのではなく，CGM にページ生成を委ねて，公開するコンテンツの中身だけを作成するようになった．人々の行動を想定して開発していた技術が，あるときを境に通用しなくなったのである．

ユーザの行動の分析においても，筆者は Web の創成期の頃は，ユーザの Web ブラウザ上でのマウス操作と，そのユーザの興味の対象との関係を調査していた．当時は，ユーザの読んでいる箇所と，マウスポインタの位置には強い相関があったが，マウスのスクロールホイールが標準装備されるようになり，また検索エンジンの進化から相対的にネットサーフィンの価値が下がるようになると，その相関も弱くなってしまった．今や，スマートフォンにはマウスポインタがないのは言うまでもない．

Webのアーキテクチャは，全く変わっていないのにも関わらず，ユーザの使い方やコミュニケーションは，日々進化を続けたのである．このような中で，Web情報を知的利用する方法論において，何が本質的なのか，すなわち何が今後も価値を持ち続けるのかを見極め，整理することは簡単なことではなかった．また，Webのサービスでは，自然言語処理や画像処理など，従来の計算機科学の方法論を応用したものも多く，何がWebにおける本質的な技術なのかを見極めることも簡単ではなかった．

このような背景から，技術的方法論の本質としては，Webにおけるユーザの情報獲得を支援する技術にあると考え，Webデータの社会性を援用したアルゴリズムを紹介した．すなわち検索エンジンのランキングの生成アルゴリズムと，情報推薦における推薦アルゴリズムである．また，第三者により観測可能なネットワークが出現したことも，Webによる貢献と考え，その特徴を理解するための評価指標や，その特徴を有するネットワークを生成するモデルについても紹介した．

一方，ソーシャルメディアのデータを用いた社会分析と心理分析については，研究事例紹介の域を出ることができなかった．ユーザの行動は，プラットフォームにより異なり，また国や文化によっても異なる．そのため，過去の研究結果をまとめて，普遍的なモデルを作成することはできなかった．しかし，社会や人々の心理を分析するにあたり，どのような観点で分析すべきかという点については整理したつもりである．また，社会学や心理学の長い研究の歴史の中で，今ソーシャルメディアを対象として研究されていることが，どういう理論的背景に基づき行われているのか，結果はそれまでの知見とどのように異なるのかについても，説明したつもりである．

紹介した研究結果が，今後も残り続ける普遍的なものであるかどうかは分からないが，今後新しいプラットフォームが登場したり，新しいデバイスの登場により，人々のサービスやメディアの使い方が変わったりしたときには，本書で整理した観点に基づいて研究課題を立てるとよいであろう．本書が，新しいメディアやサービスを対象とした社会学や心理学の研究者，ITを用いた新しいサービスや商品を開発するエンジニアや企画担当者，ITを用いた新しいマーケティング手法を開発するマーケターや広報担当者など，多くの人にとって参考になれば幸いである．

2020 年 9 月吉日

土方 嘉徳

参 考 文 献

■ 第 1 章 Web とソーシャルメディア

[1] Paul Rojas. "Konrad Zuse's Legacy: The Architecture of the Z1 and Z3," IEEE Annals of the History of Computing, Vol. 19, No. 2, pp. 5–16, 1997.

[2] Arthur W. Burks and Alice R. Burks. "The ENIAC: The First General-Purpose Electronic Computer," Annals of the History of Computing, Vol. 3, Issue 4, pp. 310–389, 1981.

[3] Edgar F. Codd. "A Relational Model of Data for Large Shared Data Banks," Communication of the ACM, Vol. 13, No. 6, pp. 377–387, 1970.

[4] Bruce G. Buchanan and Edward H. Shortliffe. "Rule Based Expert Systems: The Mycin Experiments of the Stanford Heuristic Programming Project," Addison-Wesley, 769p., 1984.

[5] John McDermott. "R1: An Expert in the Computer Systems Domain," Proc. of the First National Conference on Artificial Intelligence (AAAI-80), pp. 269–271, https://aaai.org/Papers/AAAI/1980/AAAI80-076.pdf (参照 2020-2-20), 1980.

[6] Tim Berners-Lee. "Information Management: A Proposal," W3C, 1989.

[7] Bing Liu. "Web Data Mining: Exploring Hyperlinks, Contents, and Usage Data (Data-Centric Systems and Applications)," Springer, 2011.

[8] Tim O'Reilly. "What Is Web 2.0: Design Patterns and Business Models for the Next Generation of Software," Communications and Strategies, No. 65, pp. 17–37, 2005.

[9] David Ferrucci, Anthony Levas, Sugato Bagchi, David Gondek and Erik T. Mueller. "Watson: Beyond Jeopardy!," Artificial Intelligence, No. 199, pp. 93–105, 2013.

■ 第 2 章 ソーシャルメディアの分類

[10] Rebecca Blood. "The Weblog Handbook: Practical Advice On Creating and Maintaining Your Blog," Basic Books, 2002.

[11] Aaron Smith. "Record Shares of Americans Now Own Smartphones, Have Home Broadband," Fact Tank, Pew Research Center, 2017.

[12] Raphael Ottoni, João Paulo Pesce, Diego B. Las Casas, Geraldo Franciscani, Wagner Meira, Ponnurangam Kumaraguru and Virgilio A. F. Almeida. "Ladies First: Analyzing Gender Roles and Behaviors in Pinterest," Proc. of the 7th International Conference on Weblogs and Social Media (ICWSM 2013), AAAI, https://www.aaai.org/ocs/index.php/ICWSM/ICWSM13/paper/view/6133 (参照 2020-2-20), 2013.

[13] Wikipedia "Social media", https://en.wikipedia.org/wiki/Social_media (参照 2020-2-20), 2018.

[14] Merriam-Webster "Social media," Dictionary and Thesaurus | Merriam-Webster, https://www.merriam-webster.com/ (参照 2020-2-20), 2018.

[15] Andreas M. Kaplan and Michael Haenlein. "Users of the World, Unite! The Challenges and Opportunities of Social Media," Business Horizons, Vol. 53, No. 1, pp. 59–68, 2010.

[16] Jonathan A. Obar and Steven S. Wildman. "Social Media Definition and the Governance Challenge: An Introduction to the Special Issue," Telecommunications Policy, Vol. 39, No. 9, pp. 745–750, 2015.

[17] George Ritzer and Nathan Jurgenson. "Production, Consumption, Prosumption: The Nature of Capitalism in the Age of the Digital 'Prosumer'," Journal of Consumer Culture, Vol. 10, No. 1, pp. 13–36, 2010.

[18] 田中 辰雄, 山口 真一. "ネット炎上の研究, " 勁草書房, 242p., 2016.

[19] 近藤 史人. "AISAS マーケティング・プロセスのモデル化, " システムダイナミクス学会誌, No. 8, pp. 95–102, 2009.

[20] Leonard L. Berry. "Relationship Marketing of Services Perspectives from 1983 and 2000," Journal of Relationship Marketing. Vol. 1, No. 1, pp. 59–77, 2002.

[21] 和田 充夫, 恩蔵 直人, 三浦 俊彦. "マーケティング戦略 第 5 版, " 有斐閣アルマ, 378p., 2016.

[22] 藤代 裕之 (編). "ソーシャルメディア論: つながりを再設計する, " 青弓社, 253p., 2015.

[23] Jim Giles. "Internet Encyclopaedias Go Head to Head," Nature, Vol. 438, pp. 900–901, 2005.

[24] danah m. boyd and Nicole B. Ellison. "Social Network Sites: Defi-

nition, History, and Scholarship," Journal of Computer-Mediated Communication, Vol. 13, pp. 210–230, 2007.

[25] 土方 嘉徳. "嗜好抽出と情報推薦技術," 情報処理学会誌, Vol. 48, No. 9, pp. 957–965, 2007.

■ **第 3 章 集合知と Web2.0**

[26] James Surowiecki. "The Wisdom of Crowds," 306p., Anchor Books, 2004.

[27] Charles Mackay. "Extraordinary Popular Delusions and the Madness of Crowds," Richard Bentley, 1841.
(邦訳：チャールズ・マッケイ. "狂気とバブル—なぜ人は集団になると愚行に走るのか, " パンローリング, 2004.)

[28] Irving L. Janis. "Groupthink: Psychological Studies of Policy Decisions and Fiascoes," Wadsworth Pub Co., 368p., 1982.

[29] Jan Lorenz, Heiko Rauhut, Frank Schweitzer and Dirk Helbing. "How Social Influence Can Undermine the Wisdom of Crowd Effect," Proc. of the National Academy of Sciences on the United States of America, Vol. 108, No. 22, pp. 9020–9025, 2011.

[30] Andrew J. King, Lawrence Cheng, Sandra D. Starke and Julia P. Myatt. "Is the True 'Wisdom of the Crowd' to Copy Successful Individuals?," Biology Letters, Vol. 8, pp. 197–200, 2011.

[31] Cass R. Sunstein. "#republic: Divided Democracy in the Age of Social Media," Princeton University Press, 2017.

[32] Balachander Krishnamurthy and Graham Cormode. "Key Differences between Web 1.0 and Web 2.0," First Monday (Peer Reviewed Journal on the Internet), Vol. 13, No. 6, 2008.

[33] David Best. "Web 2.0 Next Big Thing or Next Big Internet Bubble?," Lecture Web Information Systems, TU/e, http://docshare02.docshare.tips/files/463/4635236.pdf (参照 2020-3-20), 2006.

[34] Paul Anderson. "What is Web 2.0? Ideas, Technologies and Implications for Education," JISC Technology and Standards Watch, 64p., http://www.ictliteracy.info/rf.pdf/Web2.0_research.pdf (参照 2020-3-20), 2007.

[35] Efthymios Constantinides and Stefan J. Fountain. "Web 2.0: Concep-

tual Foundations and Marketing Issues," Journal of Direct, Data and Digital Marketing Practice, Vol. 9, No. 3, pp. 231–244, 2008.

■ 第 4 章　情報検索と情報推薦

[36] Mortimer Taube, et al. "Storage and Retrieval of Information by Means of the Association Ideas," Vol. 6, No. 1, pp. 1–18, 1955.

[37] Justin Zobel and Alistair Moffat. "Inverted Files for Text Search Engines," ACM Computing Surveys (CSUR), Vol. 38, No. 2, Article No. 6, 2006.

[38] 近藤 嘉雪. "定本 C プログラマのためのアルゴリズムとデータ構造," ソフトバンククリエイティブ, 414p., 1998.

[39] Lawrence Page, Sergey Brin, Rajeev Motwani, Terry Winograd. "The PageRank Citation Ranking: Bringing Order to the Web," Proc. of the 7th International World Wide Web Conference, pp. 161–172, 1998.

[40] Sergey Brin and Lawrence Page. "The Anatomy of a Large-Scale Hypertextual Web Search Engine," Computer Networks and ISDN Systems, Vol. 30, No. 1–7, pp. 107–117, 1998.

[41] J. Ben Schafer, Joseph A. Konstan and John Riedl. "E-Commerce Recommender Applications," Data Mining and Knowledge Discovery, Vol. 5, Nos. 1/2, pp. 115–152, 2001.

[42] Michael J. A. Berry and Gordon Linoff. "Data Mining Techniques for Marketing," Sales, and Customer Support, Wiley Computer Publishing, 464p., 1997.

[43] Gerard Salton and Michael J. McGill. "Introduction to Modern Information Retrieval," McGraw-Hill, 448p., 1983.

[44] Joseph J. Rocchio. "Relevance Feedback in Information Retrieval," The SMART Retrieval System – Experiments in Automatic Document Processing, Prentice Hall, pp. 313–323, 1971.

[45] Paul Resnick, Neophytos Iacovou, Mitesh Suchak, Peter Bergstrom, John Riedl. "GroupLens: An Open Architecture for Collaborative Filtering of Netnews," Proc. of the 1994 ACM Conference on Computer Supported Cooperative Work (CSCW'94), pp. 175–186, 1994.

[46] Badrul Sarwar, George Karypis, Joseph Konstan, and John Riedl. "Item-based Collaborative Filtering Recommendation Algorithms,"

Proc. of ACM the 10th International Conference on World Wide Web (ACM WWW'01), pp. 285–295, 2001.

■ 第 5 章　ネットワーク科学

[47] Jeffrey Travers and Stanley Milgram. "An Experimental Study of the Small World Problem," Sociometry, Vol. 32, No. 4, pp. 425–443, American Sociological Association, 1969.

[48] Duncan J. Watts. "Small Worlds," Princeton University Press, 1999.

[49] Jon M. Kleinberg. "Hubs, Authorities, and Communities," ACM Computing Surveys, Vol. 31, No. 4, Article No. 5, 1999.

[50] Albert László Barabási and Reka Albert. "Statistical Mechanics of Complex Networks," Reviews of Modern Physics, Vol. 74, 47, 2002.

[51] Mark. E. J. Newman, "The Structure and Function of Complex Networks," SIAM Review Vol. 45, No. 2, pp. 167–256, 2003.

[52] Miller McPherson, Lynn Smith-Lovin and James M Cook. "Birds of a Feather: Homophily in Social Networks," Annual Review of Sociology, Vol. 27, No. 1, pp. 415–444, 2001.

[53] Mark E. J. Newman. "Mixing Patterns in Networks," Physical Review, Vol. E67, 026126, 2003.

[54] Mark E. J. Newman. "Assortative Mixing in Networks", Physical Review Letters, Vol. 89, No. 20, 208701, 2002.

[55] Charles H. Proctor and Charles P. Loomis. "Analysis of Sociometric Data," In Research Methods in Social Relations with Especial Reference to Prejudice. Part two: Selected Techniques. New York: The Dryden Press, pp. 361–385, 1951.

[56] Murray A. Beauchamp. "An Improved Index of Centrality," Behavioral Science, Vol. 10, No. 2, pp. 161–163, 1965.

[57] Linton C. Freeman. "A Set of Measures of Centrality Based on Betweenness," Sociometry, Vol. 40, No. 1, pp. 35–41, 1977.

[58] Phillip Bonacich. "Power and Centrality: A Family of Measures," American Journal of Sociology, Vol. 92, No. 5, pp. 1170–1182, 1987.

[59] Karen Stephenson and Marvin Zelen. "Rethinking Centrality: Methods and Examples," Social Networks, Vol. 11, No. 1, pp. 1–37, 1989.

[60] Duncan J. Watts and Steven H. Strogatz. "Collective Dynamics of

'small-world' Networks," Nature, Vol. 393, pp. 440–442, 1998.

[61] Paul Erdős and Alfréd Rényi. "On the Evolution of Random Graphs," Publications of the Mathematical Institute of the Hungarian Academy of Sciences, Vo1. 5, pp. 17–61, 1960.

[62] Albert László Barabási, Reka Albert. "Emergence of Scaling in Random Networks," Science Vol. 286, Issue 5439, pp. 509–512, 1999.

[63] Alexei Vazquez. "Growing Network with Local Rules: Preferential Attachment, Clustering Hierarchy, and Degree Correlations," Physical Review. E, Vol. 67, No. 5, Article No. 056104, 2003.

■第6章　ソーシャルメディアによる社会分析

[64] Jure Leskovec and Eric Horvitz. "Planetary-Scale Views on a Large Instant-Messaging Network," Proc. of the 17th International World Wide Web Conference (WWW'08), pp. 915–924, 2008.

[65] Lars Backstrom, Paolo Boldi, Marco Rosa, Johan Ugander and Sebastiano Vigna. "Four Degrees of Separation," Proc. of the 4th Annual ACM Web Science Conference (WebSci'12), pp. 33–42, 2012.

[66] Haewoon Kwak, Changhyun Lee, Hosung Park and Sue Moon. "What is Twitter, a Social Network or a News Media?," Proc. of the 19th International World Wide Web Conference (WWW'10), pp. 591–600, 2010.

[67] Jagan Sankaranarayanan, Hanan Samet, Benjamin E. Teitler, Michael D. Lieberman and Jon Sperling. "TwitterStand: News in Tweets," Proc. of the 17th ACM SIGSPATIAL International Conference on Advances in Geographic Information Systems (GIS'09), pp. 42–51, 2009.

[68] Liangjie Hong, Ovidiu Dan, Brian D. Davison. "Predicting Popular Messages in Twitter," Proc. of the 20th International Conference Companion on World Wide Web (WWW'11), pp. 57–58, 2011.

[69] Jon Kleinberg. "Bursty and Hierarchical Structure in Streams," Data Mining and Knowledge Discovery Archive, Vol. 7, Issue 4, pp. 373–397, 2003.

[70] Michael Mathioudakis and Nick Koudas. "TwitterMonitor: Trend Detection over the Twitter Stream," Proc. of the 2010 ACM SIGMOD International Conference on Management of Data, pp. 1155–1158, 2010.

[71] Takeshi Sakaki, Makoto Okazaki and Yutaka Matsuo. "Earthquake Shakes Twitter Users: Real-time Event Detection by Social Sensors," Proc. of the 19th International Conference on World Wide Web (WWW'10), pp. 851–860, 2010.

[72] Sonya Sachdeva, Sarah McCaffrey. "Using Social Media to Predict Air Pollution during California Wildfires," Proc. of the 9th International Conference on Social Media and Society (SMSociety'18), pp. 365–369, 2018.

[73] Sonya Sachdeva, Sarah McCaffrey and Dexter Locke. "Social Media Approaches to Modeling Wildfire Smoke Dispersion: Spatiotemporal and Social Scientific Investigations," Journal of Information, Communication & Society, Vol. 20, Issue 8, pp. 1146–1161, 2017.

[74] Jiangmiao Huang, Hui Zhao and Jie Zhang. "Detecting Flu Transmission by Social Sensor in China," Proc. of 2013 IEEE International Conference on Green Computing and Communications and IEEE Internet of Things and IEEE Cyber, Physical and Social Computing, pp. 1242–1247, 2013.

[75] Gunther Sagl, Bernd Resch, Bartosz Hawelka and Euro Beinat. "From Social Sensor Data to Collective Human Behaviour Patterns – Analysing and Visualising Spatio-Temporal Dynamics in Urban Environments," Proc. of GI_Forum 2012: Geovizualisation, Society and Learning, Wichmann, pp. 54–63, 2012.

[76] Ann Marie White, Linxiao Bai, Christopher Homan, Melanie Funchess, Catherine Cerulli, Amen Ptah, Deepak Pandita, Henry Kautz. "Does Reciprocal Gratefulness in Twitter Predict Neighborhood Safety?: Comparing 911 Calls Where Users Reside or Use Social Media," Proc. of the 12th International AAAI Conference on Web and Social Media (ICWSM'2018), pp. 700–703, 2018

[77] Adrian Letchford, Tobias Preis and Helen Susannah Moat. "Quantifying the Search Behaviour of Different Demographics Using Google Correlate," PLOS ONE, Vol. 11, No. 2, e0149025, https://doi.org/10.1371/journal.pone.0149025 (参照 2020-3-21), 2016.

[78] Matt Mohebbi, Dan Vanderkam, Julia Kodysh, Rob Schonberger, Hyunyoung Choi and Sanjiv Kumar. "Google Correlate Whitepaper,"

Google, 2011.

[79] Dan Vanderkam, Rob Schonberger, Henry Rowley and Sanjiv Kumar. "Nearest Neighbor Search in Google Correlate," Google; 2013.

■ 第 7 章 ソーシャルメディアにおけるユーザ心理

[80] Mor Naaman, Jeffrey Boase and Chih-Hui Lai. "Is it Really About Me? Message Content in Social Awareness Streams," Proc. of the 2010 ACM Conference on Computer Supported Cooperative Work (CSCW'10), pp. 189–192, 2010.

[81] Dejin Zhao and Mary Beth Rosson. "How and Why People Twitter: The Role that Micro-blogging Plays in Informal Communication at Work," Proc. of the ACM 2009 International Conference on Supporting Group Work (GROUP'09), pp. 243–252, 2009.

[82] Joan DiMicco, David R. Millen, Werner Geyer, Casey Dugan, Beth Brownholtz and Michael Muller. "Motivations for Social Networking at Work," Proc. of the 2008 ACM Conference on Computer Supported Cooperative Work (CSCW'08), pp. 711–720, 2008.

[83] Ruth Page. "The Linguistics of Self-Branding and Micro-Celebrity in Twitter: The Role of Hashtags," Discourse & Communication, Vol. 6, No. 2, pp. 181–201, 2012.

[84] Shogoro Yoshida and Yoshinori Hijikata. "Envy Sensitivity on Twitter and Facebook among Japanese Young Adults," International Journal of Cyber Behavior, Psychology and Learning, Vol. 7, No. 1, pp. 18–33, 2017.

[85] Yoojung Kim, Dongyoung Sohn and Sejung Marina Choi. "Cultural Difference in Motivations for using Social Network Sites, A Comparative Study of American and Korean College Students," Computers in Human Behavior, Vol. 27, No. 1, pp. 365–372, 2011.

[86] Asimina Vasalou, Adam N. Joinson and Delphine Courvoisier. "Cultural Differences, Experience with Social Networks and the Nature of "true commitment" in Facebook," International Journal of Human-Computer Studies, Vol. 68, No. 10, pp. 719–728, 2010.

[87] Adam D. I. Kramer, Jamie E. Guillory and Jeffrey T. Hancock. "Experimental Evidence of Massive-scale Emotional Contagion through Social

Networks," Proc. of the National Academy of Sciences (PNAS), Vol. 111, No. 24, pp. 8788–8790, 2014.

[88] Lorenzo Coviello, Yunkyu Sohn, Adam D. I. Kramer, Cameron Marlow, Massimo Franceschetti, Nicholas A. Christakis and James H. Fowler. "Detecting Emotional Contagion in Massive Social Networks," PLOS ONE, Vol. 9, No. 3, e90315, https://doi.org/10.1371/journal.pone.0090315 (参照 2020-3-21), 2014.

[89] Elaine Hatfield, John T. Cacioppo and Richard L. Rapson. "Emotional Contagion," Current Directions in Psychological Science, Vol. 2, No. 3, pp. 96–100, 1993.

[90] Emilio Ferrara and Zeyao Yang. "Measuring Emotional Contagion in Social Media," PLOS ONE, Vol. 10, No. 11, e0142390, https://doi.org/10.1371/journal.pone.0142390 (参照 2020-3-21), 2015.

[91] Judith Rich Harris. "Where is the Child's Environment? A Group Socialization Theory of Development," Psychological Review, Vol. 102, No. 3, pp. 458–489, 1995.

[92] Brent W. Roberts, Kate E. Walton and Wolfgang Viechtbauer. "Patterns of Mean-Level Change in Personality Traits Across the Life Course: A Meta-Analysis of Longitudinal Studies," Psychological Bulletin, Vol. 132, No. 1, pp. 1–25, 2006.

[93] 小塩 真司. "初めて学ぶパーソナリティ心理学," ミネルヴァ書房, 2010.

[94] Delroy Paulhus and Kevin M. Williams. "The Dark Triad of Personality: Narcissism, Machiavellianism, and Psychopathy," Journal of Research in Personality, Vol. 36, No. 6, pp. 556–563, 2002.

[95] Patricia Bijttebier, Ilse Beck, Laurence Claes and Walter Vandereycken. "Gray's Reinforcement Sensitivity Theory as a Framework for Research on Personality–Psychopathology Associations," Clinical Psychology Review, Vol. 29, No. 5, pp. 421–430, 2009.

[96] Kibeom Lee and Michael C. Ashton. "Psychometric Properties of the HEXACO Personality Inventory," Multivariate Behavioral Research, Vol. 39, No. 2, pp. 329–58, 2004.

[97] John M. Digman. "Personality Structure: Emergence of the Five-Factor Model," Annual Review of Psychology, Vol. 41, pp. 417–440, https://doi.org/10.1146/annurev.ps.41.020190.002221 (参照 2020-3-21),

1990.

[98] Lewis, R. Goldberg. "An Alternative "Description of Personality": the Big-five Factor Structure," Journal of Personality and Social Psychology, Vol. 59, No. 6, pp. 1216–1229, 1990.

[99] Robert R. McCrae and Paul Costa. "Validation of the Five Factor Model of Personality across Instruments and Observers," Journal of Personality and Social Psychology, Vol. 52, No. 1, pp. 81–90, 1987.

[100] Robert R. McCrae and Paul Costa. "An Introduction to the Five-Factor Model and Its Applications," Journal of Personality, Vol. 60, pp. 175–215, 1992.

[101] Peter A. Rosen and Donald H. Kluemper. "The Impact of the Big Five Personality Traits on the Acceptance of Social Networking Website," Proc. of Americas Conference on Information Systems (AMCIS'08), No. 274, 2008.

[102] Van Aken and Wim Meeus. "Emerging Late Adolescent Friendship Networks and Big Five Personality Traits: A Social Network Approach," Journal of Personality, Vol. 78, No. 2, pp. 509–538, 2010.

[103] Jennifer Golbeck, Cristina Robles and Karen Turner. "Predicting Personality with Social Media," Extended Abstracts on Human Factors in Computing Systems (CHI'11), pp. 253–262, 2011.

[104] Fred D. Davis. "Perceived Usefulness, Perceived Ease of Use, and User Acceptance of Information Technology," MIS Quarterly, Vol. 13, No. 3, pp. 319–340, 1989.

[105] Viswanath Venkatesh, Michael G. Morris, Gordon B. Davis and Fred D. Davis. "User Acceptance of Information Technology: Toward a Unified View," MIS Quarterly, Vol. 27, No. 3, pp. 425–478, 2003.

[106] Lewis R. Goldberg, John A. Johnson, Herbert W. Eber, Robert Hogan, Michael C. Ashton, C. Robert Cloninger and Harrison G. Gough. "The International Personality Item Pool and the Future of Public-domain Personality Measures," Journal of Research in Personality, Vol. 40, No. 1, pp. 84–96, 2006.

[107] Mihaly Csikzentmihalyi. "Flow, the Psychology of Optimal Experience," Harper & Row, New York, 1990.

[108] Samuel D. Gosling, Peter J. Rentfrow and William B. Swann Jr. "A

Very Brief Measure of the Big Five Personality Domains," Journal of Research in Personality, Vol. 37, No. 6, pp. 504–528, 2003.

[109] Christian Maier, Sven Laumer, Andreas Eckhardt and Tim Weitzel. "When Social Networking Turns to Social Overload: Explaining the Stress, Emotional Exhaustion, and Quitting Behavior from Social Network Site' Users," Proc. of the 20th European Conference on Information Systems (ECIS'12), 71p., 2012.

[110] Amy Muise, Emily Christofides and Serge Desmarais. "More Information than You Ever Wanted: Does Facebook Bring Out the Green-Eyed Monster of Jealousy?," Cyberpsychology & Behavior, Vol. 12, No. 4, pp. 441–444, 2009.

[111] Gwenn S. O'Keeffe and Kathleen Clarke-Pearson. "The Impact of Social Media on Children, Adolescents, and Families," Pediatrics, Vol. 127, No. 4, pp. 800–804, 2011.

[112] Ethan Kross, et al. "Facebook Use Predicts Declines in Subjective Well-Being in Young Adults," PLOS ONE, Vol. 8, No. 8, e69841, https://journals.plos.org/plosone/article?id=10.1371/journal.pone.0069841 (参照 2020-3-21), 2013.

[113] Maarten Selfhout, William Burk, Susan Branje, Jaap Denissen, Marcel Munmun De Choudhury, Michael Gamon, Scott Counts and Eric Horvitz. "Predicting Depression via Social Media," Proc. of the International AAAI Conference on Web and Social Media (ICWSM'13), pp. 128–137, 2013.

[114] Edson C. Tandoc, Patrick Ferrucci and Margaret Duffy. "Facebook Use, Envy, and Depression among College Students: Is Facebooking Depressing?," Computers in Human Behavior, Vol. 43, pp. 139–146, 2015.

[115] Richard Smith and Sung-Hee Kim. "Comprehending Envy, Psychological Bulletin," Vol. 133, No. 1, pp. 46–64, 2007.

[116] Leon A. Festinger. "A Theory of Social Comparison Processes," Human Relations, Vol. 7, No. 2, pp. 117–140, 1954.

[117] Nicole B. Ellison, Charles Steinfield and Cliff Lampe. "The Benefits of Facebook "Friends:" Social Capital and College Students' Use of Online Social Network Sites," Journal of Computer-Mediated Communication, Vol. 12, No. 4, 1143–1168, 2007.

[118] Natalya N. Bazarova, Jessie G. TaftYoon, Hyung Choi and Dan Cosley. "Managing Impressions and Relationships on Facebook: Self-Presentational and Relational Concerns Revealed Through the Analysis of Language Style," Journal of Language and Social Psychology, Vol. 32, No. 2, pp. 121–141, 2013.

[119] Galen Panger. "Social Comparison in Social Media: A Look at Facebook and Twitter," Extended Abstracts on Human Factors in Computing Systems (CHI'14), pp. 2095–2100, 2014.

■ 第 8 章 ソーシャルメディアにおける印象形成

[120] Solomon E. Asch. "Forming Impression of Personality," The Journal of Abnormal and Social Psychology, Vol. 41, No. 3, pp. 258–290, 1946.

[121] Starr Roxanne Hiltz, Murray Turoff. "Network Nation: Human Communication via Computer," The M.I.T. Press, revised, 1993.

[122] Rodney Fuller. "Human-computer-human Interaction: How Computers Affect Interpersonal Communication," in Computers, Communication and Mental Models, Taylor & Francis, pp. 11–14, 1996.

[123] Simine Vazire and Samuel D. Gosling. "e-Perceptions: Personality Impressions Based on Personal Websites," Journal of Personality and Social Psychology, Vol. 87, No. 1, pp. 123–132, 2004.

[124] Oliver P. John and Sanjay Srivastava. "The Big-Five Trait Taxonomy: History, Measurement, and Theoretical Perspectives," Handbook of Personality: Theory and Research (2nd ed.), 1999.

[125] Samuel D. Gosling, Adam A. Augustine, Simine Vazire, Ph.D., Nicholas Holtzman and Sam Gaddis. "Manifestations of Personality in Online Social Networks: Self-Reported Facebook-Related Behaviors and Observable Profile Information," Cyberpsychology, Behavior, and Social Networking, Vol. 14, No. 9, pp. 483–488, 2011.

[126] Gwendolyn Seidman and Olivia S. Miller. "Effects of Gender and Physical Attractiveness on Visual Attention to Facebook Profiles," Cyberpsychology, Behavior, and Social Networking, Vol. 16, No. 1, pp. 20–24, 2012.

[127] Elaine Walster, Vera Aronson, Darcy Abrahams and Leon Rottmann. "Importance of Physical Attractiveness in Dating Behavior," Journal of

Personality and Social Psychology, Vol. 4, No. 5, pp. 508–516, 1966.

[128] Shanhong Luo and Guangjian Zhang. "What Leads to Romantic Attraction: Similarity, Reciprocity, Security, or Beauty? Evidence From a Speed - Dating Study," Journal of Personality, Vol. 77, No. 4, pp. 933–964, 2009.

[129] Mark Snyder and Elizabeth D. Tanke. "Social Perception and Interpersonal Behavior: On the Self-Fulfilling Nature of Social Stereotypes," Journal of Personality and Social Psychology, Vol. 35, No. 9, pp. 656–666, 1977.

[130] Shaojung S. Wang, Shin-Il Moon, Kyounghee H. Kwon, Carolyn A. Evans and Michael A. Stefanone. "Face off: Implications of Visual Cues on Initiating Friendship on Facebook," Computers in Human Behavior, Vol. 26, No. 2, pp. 226–234, 2010.

[131] Rebecca J. Brand, Abigail Bonatsos, Rebecca D'Orazio and Hilary DeShong. "What is Beautiful is Good, Even Online: Correlations between Photo Attractiveness and Text Attractiveness in Men's Online Dating Profiles," Computers in Human Behavior, Vol. 28, No. 1, pp. 166–170, 2012.

[132] Joshua Meyrowitz. "No Sense of Place: The Impact of Electronic Media on Social Behavior," Oxford University Press, 1986.

[133] Alice E. Marwick and danah boyd. "I Tweet Honestly, I Tweet Passionately: Twitter Users, Context Collapse, and the Imagined Audience," New Media & Society, Vol. 13, No. 1, pp. 114–133, 2010.

[134] Tomu Tominaga and Yoshinori Hijikata. "Exploring the Relationship between User Activities and Profile Images on Twitter through Machine Learning Techniques," Journal of Web Science, Vol. 5, No. 1, pp. 1–13, 2018.

[135] Leqi Liu, Daniel Preotiuc-Pietro, Zahra R. Samani, Mohsen E. Moghaddam and Lyle Ungar. "Analyzing Personality through Social Media Profile Picture Choice," Proc. of the 10th International AAAI Conference on Web and Social Media, pp. 211–220, https://aaai.org/ocs/index.php/ICWSM/ICWSM16/paper/download/13102/12741 (参照 2020-3-21), 2016.

[136] Kayako Morimoto and Yoshinori Hijikata. "The Relationship be-

tween Photograph Subject and "Like!" Acquisition in Instagram," Proc. of IPSJ the 26th International Conference on Collaboration Technologies and Social Computing (CollabTech 2020), Poster Proceedings, https://collabtech2020.colaps.ut.ee/program/, 2020.

■ 第 9 章 ソーシャルメディアの未来

[137] Lynn Parramore. "The Filter Bubble," The Atlantic, 2010.

[138] Solomon E. Asch. "Opinions and Social Pressure, Scientific American," Vol. 193, No. 5, pp. 31–35, 1955.

[139] Michael Smilowitz, Chad D. Compton and Lyle Flint. "The Effects of Computer Mediated Communication on an Individual's Judgment: A Study based on the Methods of Asch's Social Influence Experiment," Computers in Human Behavior, Vol. 4, No. 4, pp. 311–321, 1988.

[140] Christine B. Smith, Margaret L. McLaughlin and Kerry K. Osborne. "Conduct Control on Usenet," Journal of Computer-mediated Communication, Vol. 2, No. 4, 1997.

[141] Henri Tajfel. "Human Groups and Social Categories: Studies in Social Psychology," Cambridge University Press, 384p., 1981.

[142] Roger Brown. "Social Psychology," 2nd Edition, Free Press, 2003.

[143] Kathleen H. Jamieson and Joseph N. Cappella. "Echo Chamber: Rush Limbaugh and the Conservative Media Establishment," Oxford University Press, 313p., 2008.

[144] Tomu Tominaga, Yoshinori Hijikata and Joseph A. Konstan. "How Self-disclosure in Twitter Profiles Relate to Anonymity Consciousness and Usage Objectives: A Cross-cultural Study," Journal of Computational Social Science, Vol. 1, No. 2, pp. 391–435, Springer, 2018.

[145] Grafman Jordan, Francois Boller, Rita Sloan Berndt, Ian H. Robertson, Giacomo Rizzolatti. "Handbook of Neuropsychology," Elsevier Health Sciences, 103p., 2002.

[146] Jane Siegel, Vitaly Dubrovsky, Sara Kiesler, Timothy W. McGuire. "Group Processes in Computer-mediated Communication," Organizational Behavior and Human Decision Processes, Vol. 37, No. 2, 157p., 1986.

[147] Charles Arthur. "What is Google Deleting under the 'Right to be

Forgotten' – and Why?," The Guardian, https://www.theguardian.com/technology/2014/jul/04/what-is-google-deleting-under-the-right-to-be-forgotten-and-why, (参照 2020-3-21), 2014.

[148] Orla Lynskey. "Control over Personal Data in a Digital Age: Google Spain v AEPD and Mario Costeja Gonzalez," Modern Law Review, Vol. 78, No. 3, pp. 522–534, 2015.

[149] Linda Farris. "Three Approaches to Understanding Self-help Groups," Social Work with Groups, Vol. 10, No. 3, pp. 69–80, 2008.

[150] Gary Downing. "Virtual Youth: Non-heterosexual Young People's Use of the Internet to Negotiate their Identities and Socio-sexual Relations," Children's Geographies, Vol. 11, No. 1, pp. 44–58, 2013.

[151] Luke Sloan and Jeffrey Morgan. "Who Tweets with Their Location? Understanding the Relationship between Demographic Characteristics and the Use of Geoservices and Geotagging on Twitter," PLOS ONE, Vol. 10, No. 11, e0142209, https://doi.org/10.1371/journal.pone.0142209 (参照 2020-3-21), 2015.

索　引

● た 行

● な 行

● は 行

● ま　行

● や　行

● ら　行

● わ　行

● 欧数字

著者略歴

土方嘉徳（ひじかた よしのり）

1996年　大阪大学 基礎工学部 システム工学科 卒業
1998年　大阪大学 大学院基礎工学研究科 物理系専攻 修了
1998年　日本アイ・ビー・エム株式会社 東京基礎研究所 先任研究員
2002年　大阪大学 大学院基礎工学研究科 システム創成専攻 助手
2014年　ミネソタ大学 GroupLens Research 客員研究員
2017年　関西学院大学 商学部 准教授
2019年　関西学院大学 商学部 教授（現在に至る）
博士（工学）
専門分野：ウェブ情報学・サービス情報学

Information & Computing — 120
ソーシャルメディア論
—行動データが解き明かす人間社会と心理—

2020年10月25日 © 　初 版 発 行

著 者　土方嘉徳　　発行者　木下敏孝
　　　　　　　　　印刷者　小宮山恒敏

発行所　**株式会社 サイエンス社**
〒151–0051　東京都渋谷区千駄ヶ谷1丁目3番25号
営 業　☎ (03)5474–8500(代)　振替 00170–7–2387
編 集　☎ (03)5474–8600(代)
FAX　☎ (03)5474–8900

印刷・製本　小宮山印刷工業（株）

ISBN 978-4-7819-1486-2

PRINTED IN JAPAN

サイエンス社のホームページのご案内
https://www.saiensu.co.jp
ご意見・ご要望は
rikei@saiensu.co.jp　まで．